JN063314

リーダーの作法

ささいなことをていねいに

Michael Lopp 著

和智 右桂 訳

O'REILLY®
オライリー・ジャパン

The Art of Leadership

Small Things, Done Well

Michael Lopp

Beijing · Boston · Farnham · Sebastopol · Tokyo

日本語版の内容について、株式会社オライリー・ジャパンは最大限の努力をもって正確を期していますが、本書の内容に基づく運用結果について責任を負いかねますので、ご了承ください。

本書への推薦の言葉

何かを学ぶうえで最善の方法は、説教を聞かされることではなく、物語を語ってもらうことです。いい話を聞きたいと願うのは人間の性であり、その意味で、マイケル・ロップは天才的な語り部です。

ジョン・グルーバー
Daring Fireball、ライター

本書には、実際の体験に基づく役に立つふるまいが数多く書かれています。今日から試してみれば、今より一歩優れたリーダーになれるでしょう。

カル・ヘンダーソン
Slack、CTO 兼共同創業者

ロップが書いてくれたこの本をチームメンバーが読んだら、なにがなんでもあなたに読ませようとするでしょう。

マイケル・シッピー
Medium、チーフプロダクトオフィサー

トップレベルのアスリートはプレイを見るだけでその技量がわかるものですが、本書も一読すれば、著者が卓越した能力を持っていることがわかります。しかしその能力を得るために、著者は長く苦しい道のりを歩んでいます。本書を通じて、ロップは、自らが歩んだリーダーシップの道のりと、そこを歩くための秘伝のコツを共有してくれています。

ジュリア・グレース
Apple、エンジニアリングディレクター

巷には哲学や理屈で飾られたリーダーシップに関するアドバイスが氾濫する中、マイケル・ロップの本書を読めば、毎日使える実用的なアドバイスが手に入ります。

エイプリル・アンダーウッド
#Angels、共同創業者。Slack、前チーフプロダクトオフィサー

思いやりと魅力にあふれた著者の手による、リーダーに欠かせないクイックスタートマニュアル。

ジョシュア・ゴールデンバーグ
Loom、VP デザイン

タイムリーかつ実用的な一冊で、より優れたリーダーになるための有益なアドバイスが満載されています。

エリック・ポワティエ
Addepar、最高経営責任者（CEO）

レイチェルへ
私のためでもあなたのためでもなく、
私たちのために

序文

Instagramに新しいエンジニアを迎え入れるとき、私は決まってこう言います。「ようこそ！　今やこのチームは、かつて私が見たことのないくらい大きなチームになりました」　Instagramのエンジニアリングチームを、わずか数年で2人から500人までスケールさせるためには、優秀なチームと優れたマネージャーを育てるために必要な数多くのことをきわめて短い期間で学ばなければなりませんでした。そのため、私は何人もコーチをつけたり、本や記事を読んだりして、スポンジのようにアドバイスを吸収していました。その中でも一番良かったものはといえば、ロップ氏の著書や記事を読み、そのうえで、本人から話を聞くことでした。

こうして数年でチームを作り上げた経験から私が学んだのは、マネジメントとは、まずチームが直面している障害やメンバー間の軋轢といった情報を明らかにすることであり、さらにそうして得た情報を分析して、進むべき正しい道を見出すことである、ということでした。うまくマネジメントするためには、情報を手に入れることと正しい道を見出すことをどちらもうまくやらなければなりません。情報をうまく手に入れるためには、適切な質問をする必要がありますが、それだけでなく、質問に本音で答えられる文化を作らなければなりません。進むべき道を見つけるためには、多くの取り得る解決策について学び、その時々の状況に応じて最適な解決策を選ぶ必要があります。

それが「やらなければならないこと」ですが、ロップ氏の本書を読めば、「それをどうやるか」がわかるようになります。それは、自己研鑽を絶え間なく続けていくことに他なりません。そのためには、やるべきことをまずは理解し、それを日々の仕事に取り入れ、洗練させていかなければならないのです。

ロップ氏のいうエッセンスの一つを、新しいマネジメントのコツとして初めて試すときには、まだ体に合っていないおろしたてのシャツを着た時のような違和感がある

かもしれません。チームメンバーからは、本で読んだばかりのことをやっているのではないかと疑われるかもしれません（実際にそうなのですが……）。しかし、そうした居心地の悪さを我慢して続けていけば、そのふるまいはやがて自分のものになり、さらにそこに自分なりの工夫を加えて自分のものにできるという魔法が起こるのです。

　マネジメント力をつけるうえで、これ以上の方法を私は思いつきません。2010年の自分にはこう伝えたいと思います。「この本が読めなくて残念でしたね」　でも、今、本書を読んでいるあなたには、こう言えます。「楽しんで！」

マイク・クリーガー
Instagram、前 CTO

はじめに

　この本が扱っているのは、リーダーが実践すべき、ささいなことです。これは、私が長年かけて集めて磨きあげてきた、リーダーのためのエッセンス、すなわちシンプルで覚えやすいふるまいとプラクティスです。

　一つお気に入りを紹介しましょう。私は何十年もの間、1on1を布教してきました。1on1とは、直属の部下と毎週必ず行うミーティングです。あなたが一緒に働く相手との間に信頼関係を築こうとするなら、1on1が最もシンプルで確実な方法です。チームに現在進行形で影響を与えている問題について、週に一度、密度の高い会話をするのです。私は、新しいチームに参画すると、まず最初に1on1のスケジュールを決め、どんなに忙しくても、このミーティングを延期したり、キャンセルしたりすることはありません。1on1は長いこと、私にとってチームビルディングの常套手段になっています。

　この信念はどこから来たのでしょう？　なぜ1on1が重要だと思うのでしょうか？　私が1on1に出会ったのは、1990年代半ばのNetscapeでした。そこでは、週次で上司とミーティングが行われていたのです。マネージャーの仕事とされてはいましたが、それほど重要なこととは捉えておらず、言われるがままにスケジュールを入れていただけでした。

　数ヶ月、さらには数年が経ったころ、1on1は私にとって欠かせないものになっていました。習慣になっていた？　そうですね、この本に書かれていることは、「リーダーの習慣」とも言えるかもしれません。ささいな行為を繰り返した結果、意識しなくてもやるようになった、と。確かに、ここで挙げているエッセンスには習慣と似たところもありますが、漫然と続けるだけでは、学びを得ることができません。

　何百回も1on1をこなしてわかったのは、他のどんなミーティングよりも、1on1で伝えられるメッセージが濃い、ということでした。その週に起きた重要なトピックに

ついて、偽りのない会話が交わされるからです。そうやって大切なことを話し合うことで得られる情報は、他のどんなやり方でも得られない貴重なものなのです。

私は1on1には絶対の自信があって、何があっても毎週30分間はスケジュールに入れるようにしているのですが、その根拠は、今までに何千回も1on1を行ってきたことにあります。そうやって数を重ねるなかで、ミーティングの時間を常に生産的にするためにはどうすればよいかを学びましたし、曲者のエンジニアに1on1の意味を理解してもらう方法もわかりました。横道にそれたときにどうすればいいか、理由もなく断られる時に裏で何が起きているのか、といったこともわかっています。こうした知識はもはや習慣になっていますが、そういう習慣が得られるから1on1が大切だというわけではありません。1on1の価値は、1on1を一回一回積み重ねることにあるのです。

私が学んだのは、チームメンバーがプロとしてお互いを信頼し尊重しあえるようになるためには、1on1が一番の近道であるということでした。しかし、あなた自身は、何百回も1on1を行い、その結果を自分の目で見るまでは、私の言うことを本当の意味では信じられないでしょう。

いかにも大変そうですよね。実際大変です。

当初は、この本のことを「リーダーシップ・ハック」を集めたものとして紹介していました。そのタイトルがぴったり合うように思ったのです。実際、ある意味においてはその通りでした。私はエンジニアのリーダーです。私の周りには、優秀なエンジニアが数多くいて、難しい開発をハックすることに誇りを持っています。つまり、私はリーダーシップについて書いたり、リーダーシップに関する知恵をパッケージ化することに多くの時間を費やしているため、ハックというものをよく知っていますし、役に立つこともわかっているのです。

ただ、「リーダーシップ・ハック」というタイトルには問題があります。それは、リーダーシップがハックできない、ということです。

ハッカーとは、マサチューセッツ工科大学で生まれた言葉で、面白くて創造的な仕事を集中して行う人を意味しています。ハッカーという言葉は何にでも当てはまります。コンピュータのプログラムを書くのはもちろん、学生たちを楽しませるような巧妙なイタズラを仕掛けたりすることにも使えるのです。例えば、2009年、人類が月に降り立った日を記念して、MITのグレートドームに月面着陸機の1/2の模型を設置した学生グループがいました。

賢い学生たちですし、面白い企てでした。しかし、リーダーシップとは関係ありません。

　他の複雑なスキルと同様、リーダーシップもハッキングすることはできません。リーダーシップの基礎には確かにいくつかのプラクティスがありますが、どれをいつ使うかという判断こそが、リーダーシップの極意なのです。リーダーシップに関する大学の学位で有名なものはないのですが、その主な理由の一つは、リーダーシップを構成するスキルは仕事でしか学べない点にあります。

　私たち人類は今のところ、時間を節約するための「お手軽なハック」、つまり、何かをすぐに達成したり、理解したりするための賢い方法に夢中になりがちです。しかし、この本はその類のものではありません。この本に書かれているのは、繰り返せるプラクティスです。時間をかけて組み合わせることで、持続可能なリーダーシップが形作られ、それを自ら改善していけるようになるのです。

　ここで挙げたエッセンスを一つ選んで、3ヶ月間実践してみてください。そして、自分がリーダーとしてどのくらい成長したか、ふりかえってみてください。

　興味が出てきましたか？　それでは始めましょう。

本書の使い方

　本書の読み方には2通りあります。拾い読みか、前から順に読むか。まずは拾い読みからご紹介しましょう。

　私がこれまでに書いた本と同様、この本も多くの章が独立しています。何十年もブログを書いてきたこともあって、各章を完結させがちなのです。そんな各章には、少なくとも一つ、リーダーシップのエッセンスが含まれています。どれから手をつけるか選びやすいように、エッセンスをリストにまとめました（「はじめに」の後にあります）。エッセンスのどれかしらについて、知りたいことがあれば、リストを見て気になったところを読んでみてください。スタッフミーティングが少しばかり退屈に思える？　自分ばっかり話してしまっている？　それなら、思っていることを言ってもらうために、日替わりの議題をメンバーに提案してもらうというヒントを読んでみてください。**13章**にあります。

　前から順に読めば、物語の構成が、より頭に入りやすくなります。この本は大きく3部構成になっていて、各セクションは私がこれまでリーダーとして経験してきたステージについて語っています。それが、マネージャー、ディレクター、エグゼクティブです。それぞれのセクションの冒頭では、私がこの役割について学んだ会社（Netscape、Apple、Slack）の歴史についてごく簡単に触れています。続いて、マネージャー、ディレクター、エグゼクティブというそれぞれの立場について簡単に定

義し、リーダーの責務について説明しています。

　どの章を読んでも、「いいアイデアだ」と思うこともあれば、「馬鹿げている、自分では絶対そんなことはしない」と思うこともあるかもしれません。例えば、私はミーティングに参加したときには、まず時計を自分の方に向けて、時間を見るためにミーティングを妨げなくてもよいようにしています。もしあなたに、時計を見なくても時間がわかるという超能力があれば、そんなことはしなくていいでしょう。いずれにしても、心に響かない章は読み飛ばして構いません。読み飛ばしても、後で話がわからなくなるようなことはありません。

　この本では、30年にわたるリーダーシップの経験からまとめたエッセンスを網羅していますが、私自身、すべてを積極的に使っているわけではありません。あなたの現状にぴったり当てはまらないものも少なくないでしょう。会社の文化がそれぞれ違うように、チームもメンバーもそれぞれです。例えば、時間通りにミーティングを始めることは、本書では譲れないこととして書いていますが、毎回5分遅れでミーティングが始まるところもあります。そこで、私は何度もミーティングの2分前に行って習慣づけようとしましたが、無駄でした。

　名前について、すこし追記しておきます。この本の中には固有名詞がいくつも出てきます。基本的にはすべて偽名ですが、CEOや会社の創設者、メンターなど一部例外もあります。同様に、本書で語られる教訓を得たのは、紹介する企業での経験からですが、それを説明するための物語はフィクションです。

　最後に、私はこの本の中で、自分のことを、名字（ロップ）で呼ぶこともあれば、ネット上のハンドルネーム（ランズ）で呼ぶこともあります。後者の方は1990年代半ばごろにネット上で使い始めた名前で、主にブログ「Rands in Repose」（https://randsinrepose.com）で使っています。前者は、ご存知の通り、私の本名です。

お問い合わせ

　本書に関する意見、質問等はオライリー・ジャパンまでお寄せください。連絡先は次の通りです。

　　株式会社オライリー・ジャパン
　　電子メール　japan@oreilly.co.jp

本書のWebページには、正誤表やコード例などの追加情報が掲載されています。次のURLを参照してください。

https://learning.oreilly.com/library/view/the-art-of/9781492045687/（原書）
https://www.oreilly.co.jp/books/9784873119892（和書）

本書に関する技術的な質問や意見は、次の宛先に電子メール（英文）を送ってください。

bookquestions@oreilly.com

オライリーに関するその他の情報については、次のオライリーのWebサイトを参照してください。

https://www.oreilly.co.jp
https://www.oreilly.com（英語）

謝辞

1on1がなければ、私のキャリアは行き詰まっていたと思います。1on1とは、チームと有意義なミーティングを繰り返し行うことです。この本に書かれたエッセンスの大半は、私が過去10年間に一緒に仕事をした優秀な方々と一緒に定義し、洗練してきたものです。

この本の制作に知らず知らずのうちに貢献してくれた方々の名前を挙げ、感謝を捧げたいと思います。

- ジュリア・グレース。私は、これほど意欲的で、しかも信じられないほど思慮深く、鋭い質問を常に用意している人に会ったことがありません。
- マーティ・カプラン。私のコーチです。一貫して建設的なフィードバックを与えることを通じて、フィードバックの重要性を教えてくれたことに感謝します。
- カル・ヘンダーソン。言葉の一つ一つに耳を傾け、その言葉を理解することの大切さを教えてくれました。そして、きちんと理解できないときには、すべて

を止めて質問をし、はっきりさせることの大切さも教えてくれました。

- ブランドン・ジャクソン。誰よりも議論を交わした相手です。議論を重ねることで信頼関係が築かれ、そこから本当の意味でのレッスンが始まりました。ありがとう。

最後に、私の家族、レイチェル、スペンサー、クレアへ。笑顔で一緒に食卓を囲んでくれてありがとう。家族で食べる夕飯は、私にとって一番大切な時間です。

エッセンス

マネージャーとしてやるべきこと

- 1on1を行う。重要なメッセージに耳を傾けることを学ぶ。(**1章**)
- 約束したら、必ず守る。(**2章**)
- トラブル発生時の対応は慎重に。(**3章**)
- 様子を見る、場をつかむ、味見をする。(**4章**)
- 気になることは掘り下げる。(**5章**)
- 毎月、自分の成長のためにどのような投資をしているかを自問する。(**6章**)
- 月に一度、上司と会話をして、自分の状態をフィードバックしてもらう。(**7章**)
- 自分の時間を節約するために投資する。(**8章**)
- 他人の意見を聞き入れ、それを相手に伝える。多様性のあるチームを作る。仕事を任せる。(**9章**)

ディレクターとしてやるべきこと

- うまくいっていないと思っても我慢する。(**10章**)
- 我慢の限界まで任せる。(**11章**)
- 採用するなら、毎日時間を割く。(**12章**)
- スタッフミーティングでは、週次で状態が測れる指標を設け、チームに議題を提案してもらい、また、気になっていることを言ってもらう。(**13章**)
- 心のこもったほめ言葉をタイミングよく伝えれば、リーダーとしてのポイントを簡単に稼げる。(**14章**)
- 厳しいこともお互いに言い合えるチームを作る。(**15章**)

- チームの成長に合わせて、自分の仕事のやり方も常に進化させる必要がある。（**16章**）
- 第三者にもわかるような組織図を描く。そして理解できるか確認する。（**17章**）
- チームメンバーが分散しているときには、コミュニケーションコストを軽減するために投資する。（**18章**）

エグゼクティブとしてやるべきこと

- いちいち質問せずに行動する。（**19章**）
- 自己理解できるチームを作る。（**20章**）
- 文化を理解するため、ストーリーに耳を傾ける。（**21章**）
- 自由にできる時間を大切にする。（**22章**）
- チームメンバーは誰でもリーダーシップを発揮できることをはっきり伝えておく。（**23章**）
- うわさ話の中から真実を見つけ出す。（**24章**）
- 複雑なコミュニケーションは計画的かつ慎重に実施する。（**25章**）
- 情報通で声をあげてくれる人間を見つけて育てる。（**26章**）
- 忙しくないように見せる。（**27章**）
- メンターを見つけて関係を深める。（**28章**）
- マネージャーとして信じていることを書き出してみる。（**29章**）
- 揺るぎない優しさを。（**30章**）

目　次

第I幕　Netscape：マネージャー　　　　　　　　　　　　　　　1

1章　誰からでも学ぶことがあると考える …………………………… 5

2章　会議ボケ ……………………………………………………………… 7

3章　難題 …………………………………………………………………… 11

4章　様子を見る、場をつかむ、味見をする ………………………… 17

第1幕
Netscape：マネージャー

　聞いた話によると、シリコングラフィックスの創業者であるジム・クラークは、自分で出資して何かをやりたいと考えていました。出資先を求めて多くの人に話を聞き、最終的にマーク・アンドリーセンと出会いました。マークに関しては、会ったことのある人は誰もが、とにかく明るい人物だと言います。最初はニンテンドーと組んで何かしようとしましたが、うまくいきませんでした。そこでマークは、イリノイ大学アーバナ・シャンペーン校で立ち上げていた**ウェブブラウザ**「Mosaic」のプロジェクトに参画するよう提案しました。1994年のことです。

　アーバナ・シャンペーン校の仲間たちは、ほとんどがまだアーバナにいたので、ジムとマークは、彼ら全員を共同設立のエンジニアとして雇うべく現地に飛びました。結果、ほとんどのエンジニアはその提案を受け入れて、ベイエリアに引っ越し、1、2回のデスマーチを経て、Windows、Mac、Unix用のブラウザの初期バージョンをリリースしたのでした。

　この初期バージョンはすぐに破棄されます。

　その後もデスマーチは続き、あらゆるプラットフォーム向けのソフトウェアがリリースされました。さらに人が雇われ、オフィススペースも広がり、スタートアップのピリピリとした緊張感が続きました。そして迎えたのが株式公開で、それによってあらゆることが変わりました。

　私が入社したのは株式公開後の1996年、会社が極度の興奮状態に包まれていた時でした。最初の仕事を辞めてすぐのことです。私はカリフォルニア大学サンタクルーズ校を卒業し、Borlandでエンジニアとして働いていました。Microsoftが独占戦略によって、Borlandを死の淵に追いやった後、私はSymantecに逃げ込みました。Symantecもシリコンバレーの初期の寵児でしたが、ジムとマークが引き起こしていた当時の熱狂には遠く及びませんでした。それが今日のNetscapeです。

　エンジニアとして採用されて間もない頃、私の最初の上司であるトニーが私の席にやってきて、マネージャーになりたいか聞いてきました。

　私は「もちろんです」と即答しました。

　Netscapeは、私にとっては4社目のハイテク企業で、当時私の席は、ミドルフィールドオフィスの2階にあるモグラ色のパーテーションだったことを覚えています。Symantecに勤めていた当時の上司が私に準備してくれたのは、ありきたりなリーダー職で、マネージャーへのキャリアパスと言われていたものでした。Netscapeに関しては、私は一般社員として参画したため、マネージャー職になるとは思ってもいませんでした。しかし、会社が驚異的に成長したおかげで、半年もしないうちに、管理職を任されるようになったのです。

　そう、管理職。私はマネージャーになったのです。大きな一歩に見えるかもしれません。しかし、チームや組織、さらには会社が成長していくためには欠かせない仕事であるにもかかわらず、私はまったくと言っていいほどトレーニングを受けていませんでした。さらに混乱したのは、いかにもわかっているように見せることが、さらに上に行くために求められているように思われたことです。「そういうことなら、人事部に行って、管理職の募集要綱を見てみよう」

　でも待って、人事部の誰に相談したら良い？　管理職の募集要綱だって？　スタッフミーティングとは何で、どのように運用すればいいのだろうか？　なぜ私がこのミーティングに呼ばれたのだろう？　ここでの私の役割は何だろう？　あるいは、パフォーマンスレビューとは何で、どうすればうまくレビューできるのだろう？　パフォーマンスレビューのプロセスに、チームをどの程度参加させればよいのだろう？　さらに、どうすればチームを成長させることができるのだろう？　そもそも、自分自身がどう成長すればいいのかはっきりしないのに、チームを成長させることなんてできるのだろうか？

　あなたが手にしているこの本（紙であれ電子書籍であれ）は、私がマネージャーになった最初の数年間に、しっかりとしたサポートを受けられなかったことへの不満から生まれたものです。「運よく学ぶ機会に恵まれない限り、マネージャーという役割は理解できない」と言われても、私のエンジニア脳には恐ろしく非効率に感じられました。そんな私に、初めてマネージャーという仕事について信頼できる有益なフィードバックをしてくれたのは、トム・パキンという人物でした。Netscapeの初代エンジニアリングマネージャーであり、後に私が初めて起業した会社にコンサルタントとして参加してくれた人です。それは、私がマネージャーになってから、**5年後のこと**

でした。

　パキンが私にかけてくれたのはこんな言葉でした。「ロップ、君は優秀なエンジニアだけど、優れたマネージャーになれるよ。人の気持ちがわかるからね。ミーティングで誰かが何かを言う前に、何が起こっているのかをわかっているよね。誰が何を必要としているのか、誰が怒っているのか、誰が退屈しているのか、そして、ミーティングの生産性を高いものするために、次の30分をどんな場にしなければならないかもわかっている。ただし、本能的にやっていることなので、それが価値のあるスキルだとは思っていない。でも、それこそがマネージャーには欠かせないスキルなんだよ」

　「そうだったんですか」

　第Ⅰ幕では、次のような視点で考えてみましょう。あなたは新しく管理職になって約1年が経ちました。1年もすれば、自分がすべきことはだいたいわかってきます。一方で、1on1の重要性や、自分にメンターが必要かどうか、パフォーマンス管理をどのように考えればよいかなど、疑問は尽きません……。それにしても、なんとミーティングの多いこと。

1章
誰からでも学ぶことがある と考える

出勤前の朝の日課として、私はカレンダーに目を通すことにしています。

1. カレンダーを開いて、1日のスケジュールを眺める。
2. ミーティングの数と空き時間を把握する。空き時間がなければ、しばし遠い目をする。
3. それぞれのミーティングについて、「事前に何を準備すべきか」を考えて準備する。仕様書を読み直す？　第2四半期の目標を見返す？　前回ミーティングでのアクションアイテムは実行されているか、周知されているだけか？　このように、事前に考えておくことが大切で、それをミーティング中にはやらないことにしています。ミーティング中にそもそもの目的を思い出そうとすると、相手の時間を浪費してしまうためです。
4. ステップ3が終われば、ほぼ完了。最後に一つ、打ち合わせの前に、次のような評価を主観的に行っています。「この打ち合わせで、どれだけの価値を生み出すことができるのか？」　この評価に基づいて、その日がどれくらい魅力的な日になるかを超主観的に見積もることができます。それによって、一日の始まりに、その日がどんな日になるかを判断できます。エネルギーに満ちた前進の日になるのか、それとも、大して面白くない時間が続くだけなのか。

　雑多なミーティングは避けて通れませんが、事前に把握しておくことで、その価値を高めるための切り口がないか考えられるようになります。私が一貫して行っているのは、「相手が何かを教えてくれる」と考えることです。

　例を示しましょう。

仮想シナリオ：私の会社で働きたがっていると、ある知人が紹介してくれた人物との採用面接。問題は、希望の職種が私とは別の部署であること。他のチームのことはよくわかりませんが、現在募集をしておらず、この先も当面しないことは知っています。

　このミーティングにあまり価値がないと感じてしまう理由は、仕事がない以上、この面接の先に採用はない、という点にあります。また、私はその人を面接するのに適していません。その人が応募してきているのは別のチームであり、持っているスキルも私とは違うからです。でも、紹介してくれた友人のことは信頼していて、きちんと義理を果たしたいとも考えています。それに、採用はほとんどが紹介によるものです。さらに、私は会社の代表で、だからこそこの面接を担当することになっているのです。

　それよりも、覚えておくべき大切なことがあります。**実は無駄な時間などない**、ということです。プロフェッショナルなリーダーとして私個人が果たすべき責任は、一刻一刻をできる限りの熱意と好奇心を持って前向きに取り組むことなのです。一見価値がないように見える状況に置かれたときでも、私は何らかの価値を見出すようにしています。**価値は常にそこにある**からです。

　「キャシーさん、こんにちは！　レイとはどうやって知り合ったのですか？　なるほど、興味深いですね。お二人はどのようにして、同じ会社のこんなに違う部署で働くことになったのですか？　法務とエンジニアが一緒に仕事をすることなんてあるんですね。その話をしてください」

　3つの質問を通じて、私は学びを与えてくれるストーリーを発見しました。キャシーは、私の友人であるレイと一緒に、自分たちの会社の行動規範を作成したときのことを話してくれました。私は行動規範を書いたことはありませんが、その価値は理解していますし、その方法を教えてくれる人が目の前に座っています。素晴らしい。

　人生は短くはありませんが、無限でもありません。限られた時間を生きるリーダーとして、ストーリーを見つけ出し、自分の時間を有意義なものにすることがあなたの仕事です。ストーリーを見つけてください。ストーリーは常にそこにあり、あなたに学びを与えてくれます。

2章
会議ボケ

　水曜日の午後3時半、ターニャと私は、製品と技術にも関わる複雑な社内政治シナリオのウォークスルーを行っています。良からぬことを考えている人がいるわけではありません。ただ、考えるべきことがたくさんあって、とにかく複雑なのです。この会話は、今日で5回目になります。

　ホワイトボードが頼みの綱です。私はホワイトボードに絵を描いて、シナリオの核心を忘れないようにしています。この核心は会話と共に変化していくので、その実態をとらえるべく、絵も描き変えています。

　問題は、こうした絵が表現しているのが、私が理解する現実であって、会話をしている相手にとっての現実ではないということです。シナリオが複雑になると、誰が何を知っているかを把握し続ける必要があります。繰り返しになりますが、不正をしようとしているわけでもなければ、悪意も一切ありません。ただ、生産的に会話するための正直な試みです。

　ターニャが何か大事なことを言います。本当に大切なことです。きわめて広範囲にわたる考え方で、突如私は、自分の考え方を全般的に見直す必要に駆られます。このシナリオについて会話するのは今日でもう5回目なのですが、突然、これまでに、誰が、いつ、どこで、何を言ったのか思い出せなくなってしまいました。これが、会議ボケです。

2.1　抱えすぎ

　リーダーであるあなたは、チームや会社で行われている開発の情報を人より多く知っています。驚くようなことは何もありません。あなたはチームの責任者ですから、責任者向けのミーティングにたくさん呼ばれます。そうしたミーティングには、

今、会社で何が起こっているのかという情報が集約されています[†1]。

　こうした情報をすべて手に入れられることに加え、物事をやり切る性分であることから、あなたは色々なことに首を突っ込んでいます。往々にして、あまりにも多くのものに関与してしまっているのです。あなたの仕事は物事を成し遂げることなので、仕事を抱えすぎだと言われることもあるでしょう。これからお話するのは、自分がこのような状態になっていることをどうやって知るのか、そしてそれによる予想外に悲惨な結末についてです。

　なぜこんなにミーティングが多いのかは一旦忘れて[†2]、自分の精神状態に注目してみましょう。あなたは聡明で感情豊かな人間です。ミーティングに出るときには、参加者一人一人について、どのような状態にあるのかをしっかり把握しています。なぜ彼らはここにいるのか？　何を求めているのか？　議題についてどう感じているのか。これらの情報については、常に考えを巡らせています。

　それこそがリーダーの仕事なのです。一瞬一瞬の出来事を、会社の状況を表す遠大なストーリーとして頭の中にまとめます。この情報量の多いストーリーは、人を陥れるためではなく、価値を生み出すために使います。

　私の場合、情報をまとめきれなくなったときに「会議ボケ」が発生します。入ってくる情報の量が、ストーリーをまとめる能力を超えてしまうのです。「待って。ターニャはこのことを知っている？　いや、今朝スティーブが言ったことで、まだ誰もそのことを知らない。そうだよね？　たぶん……」

　会議ボケです。

　「でも、私はやり切る、絶対に。ちょっとボケただけ」

　いいえ、ちょっとで済ませられる問題ではありません。

　自分の精神に負荷がかかりすぎていることをその場では認識できなかったとしても、後になれば……、例えば夜中には間違いなく気づけます。早朝の午前3時13分という時間に、目が冴えわたるのです。まるでターニャとミーティングをしている最中のように。ストーリーをまとめたり、問題について考えたり、そうやって頭をフル回

---

†1　だからこそ、そのミーティングに出たうえで、必ずチームに報告しなければならないのです。何が起こったのか？　何を学んだのか？　次に何が起こるのか？　チームメンバーは皆、そのミーティングがあったことは知っていますが、**何があったのか**を知っているのは、あなただけです。その知識を共有してください。そうすれば、リーダーとしてのポイントを簡単に稼げます。

†2　実は、脇に置いていい話でもありません。1日に何回くらいミーティングをしていますか？　このミーティングの参加者は何人ですか？　全員がそこにいる必要はありますか？　あるいは、ミーティングをしないと物事が前に進まなくなってしまっていますか？　最後の質問に対する答えがイエスであれば、問題を抱えていることになります。

転させているのです。実際、この問題についてずっと考えていたことは間違いありません。ただ、午前3時13分には、まとめきれずに目が覚めてしまうほど複雑になっていたのでした。

　私は長年、午前3時13分に目が覚めてしまうことの原因を、ストレスと考えていました。確かに、ストレスもあります。ただ根本的な原因は、下手くそなリーダーシップにあるのです。

2.2　リーダーとして卓越した仕事をするために

　ここでは、睡眠不足による悪影響のことは脇に置いて、なぜ「会議ボケ」がリーダーシップの失敗を意味するのかについてお話ししましょう。

　これは、リーダーとしての重要なルールである「約束は必ず守る」に違反しているということなのです。

　「会議ボケ」が起きたのであれば、リセットが必要になります。あなたの荷物から、少なくとも一つ、大きな石を取り除かなければなりません。それは約束したことから手を引くことを意味します。もちろん、その仕事を誰かに譲ったり、他のプロジェクトを遅らせて余裕を持つこともできます。時間を節約する方法はいくらでもありますが、そもそもその仕事を手放せていないということ自体、**自分ができること、できないことを自分できちんと測れていない**という意味で、リーダーシップを発揮できていないことになるのです。

　リーダーは、チーム内で何が許容され、何が許容されないかの基準を設定します。この基準は、はっきりと宣言することもあれば、行動でさりげなく示すこともあります。「会議ボケ」が起きたときに起きることは大まかに2つあります。何も変えずにすべての仕事を雑にしてしまうか、何かしら取りこぼしてしまうか。いずれにしても約束を守れないことにつながります。どちらも見た目は悪いのですが、さらに悪いのは、いずれにしても、この明らかに好ましくない結果を容認するというサインをチームに送ってしまうことです。

　言い過ぎだと思いますか？　確かに、多少熱くなっているかもしれません。でもそれは、リーダーたちが、取るに足らないとみなした行動の影響を、あまりに過小評価していることへの警鐘です。今一度、見直してみましょう。自分には責任感と実行力があると考えて、色々なことに手を出します。それを繰り返しているうちに、手を広げすぎてしまいます。時間が経つにつれ、負荷がかかりすぎていることに気づき、いくつかの約束を撤回します。何がまずいのでしょう？　最初に、自分がどれだけの仕

事ができるかを正しく評価できなかったせいで、チームに「約束を破ってもいいよ」
というサインを出してしまっているのです。

　「そんなことを？」

　そう、明らかに複雑な状況を、私はついつい軽視してしまうのです。局面ごとに微
妙なあやがありますし、人間関係がやっかいなこともあります。やってみて、思った
より複雑だと気づくこともあります。わからないことは確実にある以上、信頼できる
リーダーとして自覚しておくべき大切な要素が一つあります。それは、自分自身の能
力です。

3章
難題

重苦しい沈黙が流れています。スタッフミーティングで誰も喋らないので、何かまずい気配は感じ取れます。「週末はどうだった」といった雑談もなく、みんなゆっくりと周りを見渡しながら、原因を探っています。私はホワイトボードにアジェンダを書いていますが、おそらくアジェンダ通りに進むことはなかろうと思っています。なぜなら……

……難題があるからです。

過去24時間で、誰かが「難題」を発見しました。それは、ふとした会話の中で突然明らかになったのです。それが厄介であることを意識すらしていない人から伝わりました。伝えた人は意識していませんでしたが、それを聞いたマテオは、「何かまずくないか？」と考えました。

マテオはすぐにその状況をエリカに報告してトリアージしてもらいました。「まずいですよね？」とマテオが尋ねました。

「それはつまり、こういうことですか？」とエリカは探りを入れました。

「そうですね」とマテオ。

「めちゃくちゃまずいですね。赤信号。すぐエスカレーションしないと。全員に伝えましょう」とエリカは判断しました。

マテオはその難題を様々な視点から確認するため、みんなに伝えました。だから、スタッフミーティングが始まっても、誰も何も言わないのです。みんな、難題をわかっていて、そのせいで全体のスケジュールを見直さなければならないとなれば、私のところに持って来ます。難題に対処するのはリーダーの仕事だからです。

私は席につき、頭の中で3つ数えます。「さて、どうしました？」と私は尋ねました。マテオは、触れられることのないアジェンダに目をやり、肩をすくめて、「始める前に言っておかないといけないことが……、難題があります」と言いました。

「説明してください」と私。

マテオは、自分の聞いた話とそれをどう分析したかを説明しました。7分半かけて説明した後、マテオは言葉を切って、みんなが考える時間をとりました。私の片腕であるベスが解決策を提示します。

一見良さそうでしたが、しかし、マテオはすぐに指摘しました。「これは、かくかくしかじかなんですよ」

「クソッ……」ベスは椅子に倒れ込んでつぶやきました。ベスのそんな言葉遣いは聞いたことがありません。

37秒の沈黙の後、私はマテオに3つの質問をしました。「ということは、こういうこと？」「そうです」「常に起きるの?」「はい。私も最初に確認しました。それも3回も」「別のやり方でもそうなる？」「いいえ」

「わかりました」そこで判断しました。「こうしよう」

みんなが安堵のため息をつき、重苦しかった空気が和らぎ、頭上では天使たちが歌います。そこで私は尋ねます「次の難題は何かな？」

まあ……、こんなうまくはいきませんよね。

3.1　特に厄介な課題

たしかに、こうやってうまくいくこともたまにはあります。ただ、そういうのは課題であって、難題ではありません。私に報告されるちょっとした課題であれば、自分の経験に基づき、自分の物差しに照らして、しっかりとした判断を行うことができます。どうしてその判断が正しいと言えるかですって？　大丈夫。私がこれまで14回は語ってきたお話をしましょう。難題に向き合った際に意思決定するための判断基準をどう集めているか、というお話です。この話を聞いた読者の方々が、リーダーシップをうまく発揮できるようになれば幸いです。自分の経験をストーリーの形で伝えているのは、全員がすべてを経験することができない以上、経験を分かち合うのが効率的だからなのです。

単なる課題ではない「難題」には、簡単な答えはありません。難題とは、厄介で見たこともないような獣のようなものです。その場にいる全員が頭をフル回転させながらも声を出さないでいるのは、かつて経験したことがなく、これからいったい何が起こってしまうのか心配しているからです。

難題に対する判断をどのようなワークフローを通じて行っているのか、これからお話ししましょう。すべての難題ですべてのステップが必要なわけではありません。ま

た、ステップによっては、何度も繰り返されるものもあります。これらのステップを
どうたどるかは、難題の性質や、各ステップを実行する際に発見した事実、意見、作
り話などによっても変わります。私は次のことを自問します。

1. **この難題を扱うのは私で良いだろうか？** この難題を解決することは、本当に自
   分の仕事の責任範囲なのか？ そんなことはない？ それでは、この難題は誰に
   任せるべきで、どれだけ早くその人に振ることができるだろうか？

2. **背景は完全に把握できているか？** 私は、難題にまつわる本質的な事実や、人の
   意見、あるいは誰かの作り話をすべて把握しているだろうか？ 難題に関心を持
   つ人たち、影響を受ける人たち、そういったステークホルダー全員から意見を聞
   いただろうか？ 事実について様々な角度から考察したか？ この難題につい
   て、様々な見方をいくつか発見したか？ 私が様々な目線で見たことで、事実は
   どうなったか？ 目線を変えたことで、その情報をくれた人について何かわかっ
   たか？

3. **その情報提供者の実績はどうなのか？** 信じて良い人なのか？ その人と以前に
   仕事をしたことがあるとして、その情報に何か影響はあっただろうか？ 情報を
   提供する側にかかるバイアスについて、自分は理解しているだろうか？ この
   情報を共有することで、情報提供者が何を失い何を得るのか明確になっている
   か？ 私たちと議論することで生じるかもしれない、そうした不利益や利益につ
   いて、理解したうえで受け入れてくれているだろうか？

4. **何か矛盾することはあったか？ また、なぜそのような矛盾が生じたのか、自分
   は理解できているだろうか？** 矛盾を解消したいわけではなく、なぜそのような
   矛盾が起きるに至ったかを知りたいのです。根本的に意見が合わない2人がいる
   とします。大切な情報をすべて把握しているわけではないので、なにやら作り話
   をしているように見えてしまいます。

5. **難題に対する様々な視点について、首尾一貫して説明できるか？** ある視点を中
   立的な立場の人に説明すると、どうなるだろうか？ 相反する視点はうまく説明
   できるだろうか？ 難題がどのようなもので、様々な視点から見たときにどれほ
   ど複雑なのか、感情を抜きにしてうまく説明することができれば、前に進んだと
   言えます。

6. **難題に対する自分のバイアスを理解しているだろうか？** 私の役割が、この難題
   について判断を下すことであるなら、自分自身のバイアスも理解しておかなけれ

ばいけません[†1]。そのように自分を理解したうえで、自分よりうまく判断できる人がいるかどうかを考えましょう。

7. **難題に対する自分の感情を理解しているか？**　感情は間違いなく判断に影響します。バイアスが避けられないのと同様に、難題に対する自分の感情も、ポジティブなものであれ、ネガティブなものであれ、切り離すことは不可能に近いのです[†2]。判断に際して、感情が自分にどのような影響を与えているかをわかっているだろうか？　マイナスの影響を受けているのであれば、時間をとって頭を冷やすべきだろうか？　そんなことはない？　それでは、ここで判断できる中立的な立場の人は誰だろうか？

8. 最後に繰り返します。**この難題を扱うのは私で良いだろうか？**　これら7ステップをすべて実施した後で、やはり判断して行動するのは自分だと思えるだろうか？

3.2　難題に対する意思決定

　難題は台風のように周りを巻き込みます。みんながその周りを激しく回り、「どっから来たんだ？」「どうして見落としたんだ？」「どのくらいヤバいことになってるんだ？」そして「どうすりゃいいんだ？」と頭を抱えます。その渦に軽々しく飲み込まれてしまうと、すべてを一度投げ出して、緊急のスタッフミーティングを招集し、リーダーとしては戦闘モードに突入することになります。

　しかし、そこまでやらないといけない難題はほとんどありません。難題が突如出現したからといって、それへの対処も緊急でやらなければいけないわけではないのです。これら8つのステップは、状況を把握しつつ、チームに鎮静剤を投与できるよう考えられています。「もう取り組んでいる人がいますよ。気をつけて」

　難題に対してリアルタイムに意思決定できる、世界でもトップクラスのリーダーがいます。彼らは炎上する難題をまっすぐ見つめ、正しい判断を適切な時と場所で行います。結果から見れば、判断力が優れているか、運がとてつもなく強いかのどちらか

[†1]　書くのは簡単ですが、実践するのは容易ではありません。バイアスについてもっと知りたければ、ウィキペディアにある気の遠くなるようなリスト（https://oreil.ly/SscI7）をご覧ください。本を読み始めてから、「ああ、自覚していなかったけど、自分はこんなことをしていたんだ」と気づくまで、どのくらい時間がかかったか教えてください。

[†2]　私が怒っているときの判断力はひどいものです。今にも爆発しそうな勢いで、その場で絶対的に正しいと思われる判断に飛びつくのですが、それがどんなに正しそうに見えても、結局は間違ってしまうのです。それもひどい間違いを犯します。毎回のように。

でしょう。

　私ですか？　運ではなく実力だと思いたいところですが。

4章
様子を見る、場をつかむ、味見をする

　休みの日で一番好きなのは、一日中のんびりしていられるところです。いくつも
ワークスペースに入っているSlackから通知が来ることもなく、家も静かで、そうい
う時間を3日間過ごしていると、頭の中も平穏になります。

　静かに過ごしていると、内省ができるようになります。最近起きた大切なことを思
い返し、それを追体験するのではなく、少し離れたところから観察するのです。そう
やって観察することで、起きた出来事に対応するのとはまた違った教訓を見出せるよ
うになります。

　先日の長期休暇中、仕事で起きた出来事を振り返った際に、教訓を3つ見つけまし
た。それらは、私がもっと前に学んでおきたかった教訓であり、その核心は「冷静で
いること」です。

4.1　様子を見る

　ポーカーの場合、フルテーブルだとプレイヤーは10人で、ディーラーと書かれた
丸いプラスチックのボタンを基準に、左からベッティングが始まります。最初は一人
のプレイヤーの前に置かれ、その後は、ゲームの進行と共に時計回りに移っていきま
す。このボタンを置かれたプレイヤーが、最後にベットすることになります。ポー
カーにおいて、最後にベットするこのポジションは最強です。テーブルにいる他のす
べてのプレイヤーがその手番で何をするのかを見られるので、賭けの判断材料として
は、誰よりも多くの情報を手にできるからです。

　奇妙なことに、仕事でもまったく同じ状況になることがあります。ミーティングの
席で、仲間たちがテーブルを囲み、ある重要な議題について順番に自分の意見を述べ
ているようなときです。多くの場合、自分の番になったら、パスするのが賢明です。

　情報によって文脈が作り上げられ、その文脈によって意見が理解される舞台が作られるのです。みんながテーブルを囲んで、その意見についてどう考えるか、議論を交わせば交わすほど文脈は膨らんでいき、人に言う前に自分の意見をよりうまくまとめあげられるようになります。

　外向的な人は、自分で先導して会話を活性化させるのが好きなので、最初から自分のカードを開いてしまいがちです。ポーカーと違って、新しい意見を形にするためには、正しい立ち回りであることもよくあります。これは「先手必勝」と言われているもので、魅力的なアイデアを最初に提示して、物事の進め方を決定づけたいと考えている人にとっては、手堅い初手となります。つまり、先手を取ることで流れをつかめるかもしれないということです。ただし、だからと言ってアイデアを良いものにすることはできません。意見が洗練されるのは、誰かの同意によってではなく、議論を通じてです。様々な視点を持つ人が吟味し、それぞれの見解に基づいて意見を言い合うことで、より良いものになるのです。

　そこで問題になるのが、「いつ行動するか、つまり、最初に行動するか、最後まで様子を見るか？」ということです。難しい問題です。だからこそ、次に紹介することが必要になります。

4.2　場をつかむ

　どんなプレゼンをする時でも、私が最初にするのは、場をつかむことです。その時に自問するのは「この場はどんな感じなのだろう？」というあいまいな問いですが、そんなのわかりませんよね。10人、50人、500人というこの人たちが、それぞれ感じている幸せや悲しみを集めるとどうなるのでしょう？　どう感じているのでしょう？　そして、なぜそれが重要なのでしょうか？

　場の空気を意識しなければならないのは、ビジネスをしている相手が人だからです。ビジネスをしているというのはつまり、話さなければいけない話題があり、やらなければならない1on1があり、機能横断のミーティングで議論しなければならない緊急のトピックがあるということです。場の空気は、その仕事をどんなやり方でやり遂げるかを決めるうえで、大切な情報です。そして、場をつかむのが早いほど、どうすればいいかを早く決められるようになります。

　場をつかむための私の初手をご紹介しましょう。

　講演では、ほぼいつも、冒頭に観客参加型のエクササイズを行います。「皆さん、手を挙げてください。自分が外向的だと思う人は？　それでは内向的だと思う人

は？」 なぜ性格を聞こうとするのでしょうか？ 実際のところ、外向的でも内向的でもどちらでも構いません。私が気にしているのは、どれだけ多くの人々が進んで手を挙げてくれるかということです。もし、人が500人いるのに、外向的か内向的かという質問に100人しか手を挙げなかったら？ まあ、この人たちは警戒しているのでしょう。ただし、警戒しているということは、相手が私から目を離していないということでもあるので、私は自分の経歴や講演の目的を説明して、親近感を持ってもらえるように努力するのです。

1on1なら、質問は「最近どう？」です。そして、答えを注意深く聞きます。一言目は何か？ 冗談を言ってはぐらかした？ その場しのぎのありきたりな答えだった？ それとも違う？ 違うとしたら、どう違った？ どんな言葉を選び、そしてどのくらい考える時間を取った？ 回答をためらったりした？ そもそも、答えは返ってきた？ こうした答え自体に意味がないことは理解していますか？ 答えの中身は空気を伝える手段でしかありません。そして空気によって、何を語るべきかが決まるのです。

最後に、自分が議長ではなく、一参加者として出席しているミーティングがあるとします。最初に何を質問するかを決めて、ペースをつかむことができないと、場をつかむのが難しくなります。しかし、私が必要なサインはすべてその場にあります。誰がミーティングを運営しているのか？ どうやって始めているのか？ 誰が盛り上げているのか？ ずっとスマホを眺めている人はいる？ 議題が移ったとき、参加者の態度はそれぞれどう変わる？ この場にいる人について何を知っている？ そして、そうやって背景を知ることによって、議題に応じて変化する参加者の気分を読み取りやすくなるでしょうか[†1]。

場をつかむことは、内向的な人の得意とするところです。というのも、内向的な人は文脈を集めるという行為に安心感を覚えるからです。参加者の背景を知ることにより、このミーティングがどう進むかという地図が手に入るように思えます。しかし、内向的な人がうまくいかないとすると、耳を傾け、背景を知るだけで、次に紹介することをやらないからです。

4.3 味見をする

マイクロマネージャーのどこが嫌いですか？ 私の嫌いなところをお教えしましょ

[†1] 疲れますよね。頭をスッキリさせるのに丸3日かかる理由がおわかりでしょう。

う。現場の判断や反復による学習、フィードバックの余地を残さずに、一つ一つの行動を規定することは、メンバーにとって屈辱的で士気を下げることにしかならないのですが、それを理解できないリーダーが嫌いなのです。もし私がやらかしたら、つまり、あなたの忠告に耳を傾けなかったために重要なことを失敗したら、それはもう独裁者に成り下がったということです。そういう失敗をしない人にはアドバイスも不要ですが、やるべきことはスープの味見です。

　これまでの仕事の中で、味見すべきスープはたくさんあったはずです。トマト、チキンヌードル、ジャガイモとネギなど、数え切れないほどの種類がありますよね。さらに言えば、それぞれのスープにもいろいろなバリエーションがあったはずです。大盛りのチキンヌードルや、特別なクリームが入ったトマトスープなど。だいぶスープの話をしましたね。今では、新しいスープを目の前にしても、大切なのは最初の一口だと思うようになりました。少し味見をして「このスープに何が起きるのだろう？」と考えるのです。

　個人やチームが複雑なアイデアやプロジェクトについて発表するミーティングでは、リーダーである私の仕事はスープの味見です。味見とはアイデアの大事な部分を一口味わって、そのスープがどのように作られたのか、これからどうなるのかを知ることです。誰が鍵を握っているのか？　最も重要なのはどの部分か？　どの判断が重要なのか？　わからないですね。リーダーシップを発揮するには、経験を積んでいることが前提だとは思います。

　あなたは試練をくぐり抜け、素晴らしい成功とひどい失敗の両方を味わったことでしょう。こうして蓄積された教訓により、あなたの味見する舌が鋭くなります。そして、チームからレビューを依頼されたときに、こうした経験を活かしてスープに関する大切な質問をするのです。

　マイクロマネジメントに傾倒するリーダーは、仲間と作り上げるものについて何も教えてくれません。そういうリーダーの指揮命令するスタイルのせいで、安全ではない環境が作られます。そんな環境では、人としての最高の価値であるインスピレーションや創造性を発揮できません。積み上げた経験に基づいて、短いながら的を射た質問をすることによってスープを味見すれば、みんなが好奇心を持てる環境を作り上げられるのです。「なぜこの設計にしたのだろう？　この指標を見ると何がわかるのだろう？　この時、ユーザーは何を考えていると思っているのだろう？」

　冷静の反対は喧騒です。そして、ビジネスも往々にして騒がしいものです。最初に行動し、場を無視し、スープを口にしない人がたくさんいます。そして、忌々しいことにそういう人たちは、一つ一つの行動はそれなりにうまくやってのけるのです。私

のアドバイスが役に立つかは状況によります。それは、あなたはこれまでに受けてきた多くのアドバイスと変わりません。しかし、私のアドバイスは、私がリーダーとして大切にしていることに基づいています。

　他の人に考えを話してもらいましょう。素晴らしい意見がいつ出てくるかはわからないのです。あなたのリーダーという立場のせいで、あなたの意見にチームは反論しにくいことを理解してください。それもまた、様子を見なければならない理由の一つです。

　また、誰もが自分のことに追われていることを理解してください。さらに、そういう切羽詰まった状況を会議や1on1、ミーティングに持ち込むことが多いことも理解してください。それぞれの生活は、必ずしもビジネスにうまく合わないかもしれません。あなたがリーダーとして場をつかむべきというのは、みんなが何を必要としているかを理解するためです。

　素晴らしい質問をすることで、チームに対する敬意を示してください。人に興味を持ちましょう。あなたは経験を通じて教訓を得ています。そして、あなたの質問はその教訓を伝えるうえで、説教をするよりも役に立つのです。しかも、口にするまでは、そのスープがどんな味かわからないのです。

5章
虫の知らせ

8階のカフェテリアでジェームスにばったり会いました。数週間ぶりのことです。何年も一緒に仕事をしてきた相手ですが、今はやっていることが違うので、そういうこともあるものです。

「やあ、ジェームズ」

「やあ！　久しぶりだね、ちょうど君のことを考えていたんだ」

「本当に？　また、どうして？」

「ランディが昼のミーティングで君を非難してたんだよ。プロジェクトが1ヶ月遅れているってね。大丈夫？」

ジェームズが質問をし終わる前に、自分の中で何かが起きるのを感じています。ランディに非難されたことへの感情的な反応でもなければ、1ヶ月の遅れを説明するロードマップのようなものでもありません。「前にもこんなことあった」という感覚です。代わる代わる別々のお偉方に非難されるのです。しかも、皆の前で。非難してくる相手にはまったく関係ないことなのに。「何を考えて、こんなことを言ってくるのだろう？」　まだ何が起きているのかはわかりませんが、何か覚えのある嫌な予感がします。

これが、虫の知らせ[†1]です。

5.1　虫の知らせとは何か

虫の知らせは、いわば反射的に働く知恵です。知恵というものは、様々な経験を通

[†1]　訳注：「虫の知らせ」の原文は"Spidey-Sense"です。これはアメコミヒーローであるスパイダーマンが持つ超能力（スパイダーセンス）で、危険を察知する能力です。

じて身についていきます。その経験を通じて、直感や物の見方、そして教訓が自分の中に溜まっていきます。それを他の人と共有すると、価値観について見解の相違が出てきます。しかし、こうした別の視点のおかげで、あなたの理解は広がり、さらに教訓を得られるのです。自分と違う取り組み方や態度、感情、言葉など、すべてを観察してください。学び続け、その学びを丁寧に分類して整理していってください。

　このように知識が増えてくると、パターンが見つかってきます。「Xという状況が発生すると、その1ヶ月後にYという状況が発生することが不思議とよくあるようだ。なるほど」　こうして集められたパターンが整理されて判断基準になっていきます[†2]。時間をかけて練習することで、新しい状況に置かれたときに、この判断基準に基づいて決断できるようになります。あるシナリオをそれまでに42回も見たことがあるからこそ、自分の理屈を説明して通せるのです。ある種類の人がこの手の状況でとる言動を見たことがあるので、何が起きるのかわかっているのです。だからこそ、あなたの決断は貫くべきものだし、明確に説明することもできます。その決断が正しかったか？　それは、時間が経たないとわからないことですが、いずれにしても、自分の決断がもたらした結果とその影響を観察し、そこから学び、そのサイクルを繰り返さなければなりません。

　だからこそ、大学でリーダーシップに関する実務的な学位を取ることができないのです。結果を出せるリーダーになるために必要な重要スキルのほとんどは、仕事中に繰り広げられる無限ともいえるシナリオを、何年もかけて意識して自分の経験にすることを通じて、手に入れていくものなのです。

5.2　待って、何？　それがエッセンスなの？　ちゃんと仕事しろってだけ？　さよなら、ロップ

　いや、本を閉じるのは待ってください。

　私の言う虫の知らせは、反射的に働く知恵です。仕事の中で目にするあらゆること、つまり培った経験や得られた教訓、観察してわかったこと、周りの人とその性格、語られた言葉などを吟味しているうちに、このパターンを本能的に当てはめるようになるのです……いつでも。リーダーシップを発揮しようとすると、それはさらに顕著になります。得られる情報は増えますし、その情報を使って重大な判断を素早く行う

[†2]　偏見かもしれませんが、それはあなたの脳にも言えることです。

ことが求められるからです[†3]。

　虫の知らせは被害妄想ではありません。この2つは関連していて、虫の知らせが原因で被害妄想に陥ることはあります。しかし、被害妄想の原因は恐怖です。自分ではどうすることもできない運命が差し迫っているという感覚です。虫の知らせは、頭の中で突然疑問が湧くのです。「待って、何だって？」

　虫の知らせは、ふとした時に発揮される予感です。たとえば、スープの味見をしているとき（**4章**参照）。それはあなたの経験が語っているのです……大声で。直感あるいは直観の瞬間です。これは魔法のようなものです。瞬時に、どこからともなくやってくる感覚。だからこそ、信頼できるのではないでしょうか。

5.3　虫の知らせを信じる

　以前の仕事の話ですが、そこでは、予想外の離職者が出てしまっていました。会社は順調に成長しており、見通しも明るかったのですが、毎月のように予想もしない人が惜しまれながら退職していたのです。人が辞めるたびに、理由を聞いていたのですが、困ったことにパターンを見つけることはできませんでした。

　3ヶ月が経ったころ、私はスプレッドシートを作り始めて、「虫の知らせ」と名前をつけました。そして、スタッフミーティングでメンバーに見せたのです。もし、仲間について、何か違和感を感じたら、このスプレッドシートに追加してほしい、と。

　「何も考えずに。追加するだけです。理由は書いても書かなくても構いません。毎週、見直しをします」

　メンバーはシートを見ましたが、最初は何も書かれていませんでした。

　「疲弊しているように見える？　その人を追記してください。1on1をいつも欠席する？　追記してください。何か嫌な予感がする？　追記してください」

　その週、3人の名前が追加されましたが、2人には正当な理由がありました。3人目の説明ははっきりしませんでした。理由欄に書かれていたのはこんな内容でした。「何かが起きているが、それが何なのかわからない」

　翌週には、説明なしで1名が追加され、その前の3人目には説明が増えていました。「彼女は退屈している、根拠はないけどそんな気がする」　よし、こういった退屈な

[†3]　下品な言い方をすれば、「汚れ仕事は下に落ちてくる」です。しかし、この言葉の逆もまた真です。「火は山頂に近いほど燃えやすい」組織図の上にいればいるほど、山の上にいることになり、そこでは炎上の材料が多くあります。小さな火であれば、あなたの目に留まる前にチームがうまく消してしまうものなのですが、あなたのところに届く火事はすでに大きくなっており、熱く燃えていて、止められないことが多いのです。

ら対処のしようがあります（https://oreil.ly/OazlL）。

　この虫の知らせのスプレッドシートは半年間運用しました。新たに追加されたものにはすべて説明が書かれていましたが、これは私たちが自分の直観にまつわる言葉を少しずつ育てていったからです。燃え尽きたり、飽きたり、性格が合わなかったり、その他のパフォーマンスに関わる問題の複雑なパターンが見えてきました。最終的には、私たちが何もしなくても、名前がこのリストから削除されることもよくありました。自分たちの虫の知らせが間違っていたということです。しかし、スプレッドシートに追加した社員の大半は、危険な兆候を示し始めており、問題が起きてから対処するのではなく、早めに手を打つことで最悪の事態を避けられたのです。そう、それでもやはり会社を去っていった人は多くいましたが、大騒ぎにはなりませんでした。びっくりするようなことはなかったのです。

5.4　何かが起きているが、何が起きているかは わからない

　虫の知らせは感覚です。だから最初は信じません。なぜなら、リーダーシップとは明確に定義された具体的な原則で、自分やチームの効果を最大化するために従うものだからです。

　怪しい。間違った。ヤバい。そう、このつたない言葉の中にも真実があります。自分の中で原則を定め、それを行動で示してください。しかし、長年リーダーを務めてきた経験から言うと、リーダーシップとは、明確に定義された原則に従うことであると**同時に**、ほとんど情報がない中、戦場で瞬時に判断することでもあります。

　虫の知らせは感覚です。何に由来するのかわからないので、気にしていいものか、ためらってしまうかもしれません。最初は無視しようと思うかもしれません。苦労して得た知恵で感じたことを、非合理な感情で感じたことと混同してしまうのです。同じものではないのですが、その違いを知るには、まずは感覚に耳を傾け、それから行動するしかありません。

6章
プロフェッショナルとしての
成長をはかる質問表

今はどんな時期ですか？　これを読んでいるあなたにとって、今は「パフォーマンス評価の時期」ではないかもしれません。私が過去30年間に働いてきた会社では、多くの場合、評価の時期は年に1度、3週間です。先進的な企業では、年に1度の長期の業績評価サイクルと、その半年後に行う短期のパフォーマンス評価サイクルを設けています。短期のサイクルは、特にパフォーマンスが優れていた人を昇進させたり、採用時の所属部署を見直したり、その他、半年も待てないようなパフォーマンスを維持するための活動を行ったりするためのものです。

3週間。自己評価を書き、同僚のフィードバックを集め、場合によっては昇進用の資料を作り、最後に上司から書面や口頭でフィードバックを受ける時期です。短期サイクルの方が、若干やることが少ないでしょう。2週間としましょう。つまり、長期と短期のサイクルがあれば、実際の評価期間は5週間ということになります。

52週のうち5週。本章を読んでいる今は、まだ評価の時期ではないかもしれません。

なんてね、そんなことはありません。

評価はいつだって行われているのです。

6.1　プロフェッショナルとしての成長をはかる質問表

これから説明するのは、年に何度も自問すべきだと思われる質問表です。さらに、これらの質問に対する自分の答えを毎回書き留めておき、後で見直せるようにしておくことをおすすめします。自分の答えが時間とともにどのように変化するかは、答えの内容と同じように興味深いものだからです。

質問の答えに正解も不正解もありません。合格点もありません。このエクササイズは、自分のプロフェッショナルとしての成長について考えるきっかけとなり、現在の

仕事への満足度を理解し、将来の役割の可能性を考えることを目的としています。質問の数は多く、深く考える必要があるものも少なくありません。まずはリストすべてに目を通してください。また、すべてに答えようと躍起になる必要はありません。

　回答を書き終えたときに、自分自身や上司のために、少なくとも一つ、それまでは思いもしなかった具体的なフォローアップがあるといいのですが。

　それでは始めましょう。

質問表

- あなたの強みは何ですか？　なぜそれがわかったのでしょう？
- 努力すべき点は何ですか？　なぜそれがわかったのでしょう？　その点に対してどのように取り組んでいますか？　あなたの会社は助けてくれますか？
- 最後に昇進したのはいつですか？　その昇進はどのように伝えられましたか？　この昇進にあたり自分が行った何が一番良かったと思いますか？
- 最後に報酬が上がったのはいつですか？　（報酬＝基本給＋ボーナス／株式）。
- 報酬は公平に支払われていると思いますか？　そうでない場合、どのようなものが公正な報酬と言えるでしょうか。そう言える根拠は何ですか？　そのことを上司に伝えましたか？
- 最後に上司から有益なフィードバックを受けたのはいつですか？
- 自分の仕事について、どんな風にほめてもらいたいですか？
- あなたの上司には学ぶところがありますか？　一番最近、上司から学んだ重要なことは何ですか？
- 仕事で作って、一番最近、楽しいと感じたものは何ですか？
- 一番最近、仕事でやってしまった大失敗は何ですか？　そこから何を学びましたか？　その失敗の根本的な原因ははっきりしていますか？
- 最近受けたフィードバックで、自分の仕事のスタイルを大きく変えたものは何ですか？
- あなたのメンター[†1]は誰ですか？　その人と最後に会ったのはいつですか？

---

†1　私のメンターの定義は、定期的に会っている人で、自分のチームやその周りで働いていない人です。メンターは通常、経験豊富な中立的立場の人間であり、賢い相談相手としての役割を果たします。詳細は28章を参照してください。

- 前回の360度評価[†2]はいつでしたか？　そこでの最大の教訓は何でしたか？
- 前回、仕事を変えたのはいつですか？　その理由は？
- 前回、会社を変えたのはいつですか？　その理由は？
- 現在の仕事のどのような点を、将来の仕事に生かしたいと思いますか？
- あなたがいつかやりたい仕事は何ですか？（どんな役割でしょうか、あるいはどんな会社でしょうか）
- 勤めたい会社は？　その会社のどこが良いのでしょう？
- あなたが尊敬するリーダーは誰ですか？　そのリーダーはどこがすごいのでしょう？

6.2　常に前進

　これらの質問に対する回答をどのくらいの頻度で見直し、修正すべきでしょうか？　年に4回？　5回？　あなた次第ですが、会社の公式なパフォーマンス評価よりも頻繁に行う必要があります。プロフェッショナルとしての成長は毎日のように起こるからです。ほとんどの場合、その成長は目には見えません。日々、いつものわかりきった仕事の積み重ねで達成されるものです。驚くことはありません。学べるのはごく些細なことです。おそらく、元々知っている教訓や価値観をさりげなく実行しているのでしょう。例えば、

> 「支えてくれた人には感謝する」
> 「自分は見積もりが苦手である。常に見積もりを25％水増しすべきだ」
> 「みんなは……混乱している」

　そうした積み重ねとは違った特別な日もあります。あなたのキャリアの流れを大きく変えるチャンスの訪れる日です。上司と1on1をしている時に、突然「このプロジェクトの技術リーダーになりたいか」と提案されるかもしれません。

　この質問（つまり、このチャンス）に対するあなたの答えは、単純なイエスかノーにとどまるものではありません。考えるべきは「このチャンスによって、私のキャリ

---

†2　360度評価とは、中立的な立場の人が、あなたの職場の人全員（上司、同僚、そしてあなたが管理職であれば直属の部下）からフィードバックを集めるプロセスを指します。私は3年ごとに360度評価を行うようにしていますが、それは総合的なフィードバックが常に色々なことを教えてくれるからです。これについては、**28章**を参照してください。

アプランはどう広がるか」です。

　キャリアプラン？　それは上司の仕事ではないの？　ある意味ではそうです。しかし、上司に任せてしまうことには問題があります。上司は2、3年しかいないけれど、あなたはあなたなのです、それもずっと。自分のキャリアプランについて最もわかっているのはあなた自身です。つまり、このチャンスに対するあなたの分析と判断は、どちらも大切なのです。

　このチャンスにイエスと言うのであれば、根拠のあるイエスでなければなりません。このチャンスで、自分の成長に繋がることは何でしょう？

6.3　具体的なフォローアップ

　このような、キャリアチェンジに繋がるかもしれない瞬間は、残念ながらめったに訪れません。そういう瞬間は、会社の定めるパフォーマンス評価の時期にしか訪れないことが理由の一つですが、それはマネージャーが怠慢なせいだとも言えます。パフォーマンス評価の時期をあらかじめ定めておくことで、成長の機会を効率的に作り出せる、という考え方は馬鹿げています。成長の機会は年がら年中あるものだからです。

　これらの質問にすべて答えることで、あなたが現在の職務でどのような役割を果たしていると感じているのか、そして次に何をしたいと考えているのか、具体的に描き出すことができます。答え終わった後に、上司と話し合う具体的なテーマが一つでも頭に浮かんでいると良いのですが。

　あなたの成長の機会を見つけて育てるのは上司の仕事ですが、このように自分の内面を描くことによって、いつ起こるかわからない機会を注意深く待ち、その機会をよりうまく評価するための評価基準を自分で持てるようになります。

7章
パフォーマンスに関する質問

これからリーダーとして仕事をしていくうえでは、パフォーマンス管理というものに直面することもあるでしょう。パフォーマンス管理に関する私からの最初のアドバイスは、そう簡単に実践できないものです。そのアドバイスとは「パフォーマンス管理という言葉を考えたり口にしたりしてはいけません」です。確かに、そんなことは不可能なのですが、もしできれば、それに越したことはありません。理由を説明していきましょう。

パフォーマンス管理にまつわる苦労をこれまで散々してきたのですが、今では「明確に定義されたわかりやすいワークフローで、従業員の業績の向上か、従業員の退職のどちらにも繋がるもの」と定義しています。

「パフォーマンスを管理する」と言ったり、考えたりした瞬間から壁にぶち当たります。その時点から、マネージャーと従業員の関わり方のルールが変わるのです。その人との自然な交流やコミュニケーションが、パフォーマンスが管理されているために格式張り、不自然なものになってしまいます。それまではすんなりできていた会話が、ぎこちなくなり、妙な間があくようになってしまうのです。カリスマを備えた賢い人なら「管理職の仕事のうちだよ」と言うでしょう。それにも一理あって、リーダーがパフォーマンス管理によって「よくできました賞」をもらえることは確かにあります。でも、「最優秀賞」がもらえるのは、早めに手を打って、**パフォーマンス管理なんてしなくてよかったとき**です（これが、私の2つ目のアドバイスです）。

パフォーマンス管理がどういうときに必要になるかは、人によって千差万別です。しかし私はあくまでも、リスクを回避するために人を恐怖で押さえつけるようなパフォーマンス管理の考え方は、何がなんでも避けるべきだと考えています。それをしてしまうと、すべてが変わってしまうのです。

7.1　チェックリスト・センテンス

　私たちの1on1で、あなたがこう口火を切りました。「ネルソンはここに来て6ヶ月になりますが、どうもパフォーマンスが上がっていないようです。思うに……」

　私はあなたの話を遮りました、失礼なことではありますが、あなたが口にしようとしていたのがパフォーマンス管理の話です。私はそれを許容できません。私は人差し指を立てて、大切な質問を一つだけします。「その従業員と何ヶ月にもわたって何度も面と向かって会話をし、パフォーマンスが期待するものに届いていないことを明確に説明して合意し、そのギャップに対処するための計測可能で具体的な行動についても合意しましたか？」

　長い質問ですし、この中には、忘れたり目を背けたりしがちな重要な概念が含まれていますので、あなたが答えを考えている間、重要なポイントを説明していきたいと思います。

- **会話を重ねる。**パフォーマンス管理を避けるなら、焦りは禁物です。ある時には完全に正当だと思える理由で、ある熱心なマネージャーが、ある社員に対してキレました。がんばって会話したのですがうまくいかず、そのため、パフォーマンス管理を行うことにしたのです。
  いいえ。だめです。最低でも3回は、しっかり時間をとって会話をする必要があります。まずは時間をとって自分が状況を明確に説明する必要がありますし、相手が自分の言ったことについて考え、質問をして内容を明らかにするための時間も十分確保する必要があるのです。新人マネージャーがやりがちなことですが、自分が言っているつもりのことが相手に伝わっていないかもしれません。批判的なフィードバックの場合は特にそうです。2回目、3回目の会話は、こうした誤解をとく重要な機会です。
- **対面での会話。**「感想はメールで伝えました」ですって？　いや、議論して意見を述べ合う機会を作らず、メールを送っただけですね。パフォーマンスに関するフィードバックは、お互い話し合わなければなりません。厄介ながらも建設的なフィードバックを、居心地の悪い思いをしながらも面と向かって行えば、相手がそれをどのように聞いているか、自分の目で確認できます。メールやSlackなどの顔を合わせない手段では、話し合いを通じて相手を教育することができません。
- **何ヶ月も。**私は昔、飛行機の恐怖症でした。特に離陸は最悪です。迫り来る死

を意識しないで済むように、任意の大きな数字から7ずつ引き算をしていました。それで気は紛れましたが、私の恐怖心を本当に和らげてくれたものは何かおわかりでしょうか？　飛行機に乗ることです。何度も。何年も。

根の深いふるまいをきちんと変えないと、パフォーマンス管理に繋がるような問題を解決することはできません。そのためには問題について話し合う必要があります。何度も。様々な文脈で。何ヶ月もかけて。

> **NOTE** この章では、私の最も有益なアドバイスを、途中に盛り込みました。それは「期待するパフォーマンスに達していないことについて話し合うためには、何ヶ月もの時間が必要だ」というものです。様々な角度から分析し、その分析結果をパフォーマンス管理ではなく、学びを得るために使ってください。そのためには、あなたは次のようなフィードバックをしなければなりません。

- **明確**に説明してください。もし、パフォーマンスに関する問題に対するはっきりした解決法があるなら、その人に「XYZを期待したのに、ABCでした。一緒にバグの原因を突き止めて、何が起こったのかを把握しましょう」と言うだけで済むでしょう。現在、何をすべきかが明らかではないからこそ、時間をかけて明確に状況を説明する必要があるのではないでしょうか。話す前に書き出してみてください。信頼できる人にあなたの説明を聞いてもらい、それが響くかどうかを確認してください。そして、その状況を従業員に明確に説明します。うまくいきましたか？　よくわからない？　簡単にわかる方法があります。
  最後の「**そのギャップに対処するための計測可能で具体的な行動について合意**」という項目が最も重要です。なぜなら、従業員があなたの説明に同意しなければ、行動しないからです。同意しているかどうかはどうやって判断するのですか？　こう質問してください。
  「私が説明していることについてはっきりわかりましたか？　どのように対処すればよいのでしょうか？　納得できますか？　私の評価に賛成でしょうか？」

パフォーマンス管理の一環として行ってしまうのと、リーダーとしての通常業務の一環として行うのとで、これらの質問はまったく違って聞こえます。私がパフォーマンスに関する質問を構造的にきちんと整理しているのを見ると、会話もきちんと整理

して格式張って行うよう言われていると感じるかもしれません。しかし、そんなことはまったくありません。あなたはコーチのような姿勢や態度で臨まなければなりません。パフォーマンス管理のスイッチが入っていれば、あなたの態度は死神のようなものになってしまいます。コーチか死神かによってどう思われるかが決まります。「なるほど、自分が何をすべきかわかりました」か、「いいでしょう。新しい仕事を探すことにします」か。

　もし、従業員があなたの評価に同意しなかったら？　いいでしょう。議論を始めてください。「**どこがわかりにくかった？　どう聞こえた？　私が知らないことは？　事実はどう違う？　何か別のアプローチがある？**」　この健全で明解な会話で大切なのは、解雇するかしないかを決めることではなく、より良いコミュニケーションと仕事の仕方を見つけることです。

　評価の根拠を明確にしても、相手が納得しない場合は？　問題ありません。こう伝えてください。「**今日は一旦切り上げましょう。1週間寝かせて、来週の1on1でもう一度話しましょう。時間割で動いているわけではありません。私たちは、単にプロジェクトを進めているだけなのです**」

　もし、1週間寝かせても、まだ納得がいかない場合は？　この話はしなければなりません。リーダーは苦労が多い立場で、2ヶ月間の会話を重ねたにもかかわらず、自分が明確に説明できていなかったり、相手が自分の話に耳を傾けてくれなかったりすることはあり得るからです。いよいよパフォーマンス管理をやる？　違います。

　もう一つ、別の方法を試してください。フィードバックを書き留めるのです[†1]。これは、パフォーマンス管理への第一歩に見えるかもしれませんが、そうではありません。人間同士のあれこれを 傍(かたわら) に置き、批判的な考え方を構成している単語や文章に集中するのです。文字に起こすと、若干形式的にはなりますが、私の経験では、お互いはっきりさせやすくなります。

7.2　すべてが変わる

　実際には、あなたは常にパフォーマンスを管理しています。リーダーとしての存在自体が、パフォーマンスの基準を設定しているのです。あなたがどのように行動するか、どのように発言するか、どのように他人と接するか、どのように仕事をするか、

[†1]　ええ、フィードバックは対面でやれと言ったことは覚えています。しかし、これは2ヶ月から3ヶ月が経ったのに、まだ対面での話し合いがうまくいっていない時の話です。フィードバックを書き留めた場合は、次回の1on1でプリントアウトした形で渡してください。

あなたの態度がすべてチームのパフォーマンスに影響を与えます。あなたがリーダーとして何を大切にしているかを示しているからです。

　パフォーマンス管理にあたって、私が避けてほしいと考えているのは、「さて、もう冗談じゃ済まさないぞ」といった、チームに対して手のひらを返すようなアプローチです。私の経験によれば、この態度はマネージャーが「どうやってこの人を改善するか」ではなく「どうやってこの人間を辞めさせるか」を考えていることを意味するからです。

　もし、窃盗を働いたような場合には、その人を解雇しなければなりません。しかし、パフォーマンスに関わる状況は多くの場合、コーチングの余地があります。このコーチングという作業は複雑で、嫌な気持ちになることも多く、時間もかかります。そして、うまくいったかどうかもつかみにくいものです。しかし、このような難しい会話をすることで、あなたのコミュニケーション能力は向上し、様々な視点の価値を学び、共感を築きあげることができます。そうすることで、より良いコーチ、より良いリーダーになるのです。

8章
ランズおすすめの時間節約術

あなたにとって一番貴重な資産はあなたの時間です。この章ではあなたの時間を節約する方法をお伝えしましょう。今すぐにでも、これからお伝えする習慣を取り入れて、人生の時間を取り戻しましょう。同様に、これらの習慣は、ストレスを減らし、集中力を高め、最終的には自分の手で作ったものの質を高めることで、あなたの生産性を大幅に向上させます。

これからお伝えするものの中には、すぐに時間を節約できるものもありますが、効果を得るために、時間をかけて少しずつ継続的に投資しなければならないものもあります。すべてに規律が必要です。嫌な気分になることもあります。日常的に使用しているアプリやサービスの意図に反して作業を行う必要があるものも少なくありません。なぜなら、それらのアプリやサービスの設計意図は、あなたの目標とは異なることが多いからです。

次に挙げる習慣の中には、絶対にやりたくないと思うことが一つはあるでしょう。そうした拒絶反応は、あなたが時間の使い方に気を配っていることの明確な証ですから、腹が立っても読み続けてください。

8.1　ブラウザ

覚悟してください。中には傷つくものもあります。

- ブックマークのコピーを取り、安全な場所に保管してください。今のブックマークをすべて削除します。椅子に座り直しましょう。深呼吸して。

- 何日かかけて、記憶を頼りに少しずつブックマークを作り直していきましょう。慌てることはありません。ウェブベースのツールや重要なドキュメントへ

のリンクは、ブラウザのバーに表示されます。ニュースやブログなど日々目を通すものは、フィードリーダーに入れておきましょう。ブラウザは閲覧するよう設計されているので、文章を読むには適さないのです。

- フィードリーダーがない？　Feedlyの設定をして、課金してください。そして、ショートカットを覚えましょう[†1]。
- 広告ブロッカーを導入しましょう。いつも見ているサイトであれば、広告のブロックを解除してあげてください。本当なら少し課金しても良いのかもしれませんが、せめてそのくらいはお返ししましょう。
- 必携のブラウザツール（メール、カレンダー、フィードリーダーなど）をお気に入りのブラウザにピン留めしましょう。こうしておけば、いつも使う場所から簡単にアクセスできます。ピン留めするのは5つまでにしましょう。1週間使わなければ、ピン留めを外しましょう。私は1年以上、社内メール、カレンダー、外部メール、Feedlyの4つで安定しています。
- ブラウザではタブを使ってください。新しいタブを作る、タブ間を移動する、タブを閉じる。これらのショートカットを覚えてください。
- 一度に開くブラウザのウィンドウは1つにしましょう。また、一度に開くタブは常に10個以下にしましょう。この2つについては、目標にしていても、うまくいかないことが多いです。できなかったからといって自分を責めることはありませんが、ウィンドウやタブを開くたびに、気が散り、意識しなくてもストレスがかかっていることをわかっておいてください。
- ブックマークをクラウドに置いて、スマホのブラウザでも同じように使えるようにしましょう。環境設定の大半を、すべてのデバイスとデスクトップで共有するのが目標です。

最終目標：日々の読み物を10分以内に「洗う」ことができること。ブックマークが散らかって、ストレスがかかり、1ヶ月半もしないうちにブックマークの破産を宣言するような羽目に陥らないこと。

[†1]　やたらと「ショートカットを覚えろ」と言っているのはどういうわけでしょう？　簡単な計算です。一つ一つの行動を素早くこなせば、仕事をこなすのに必要な時間は短くなります。もし、もしマウスを使っているのであれば、ショートカットの方が時間を短縮できることは間違いありません。

8.2 スマホ

いつも手元にありますよね。ご自身のスマホで作業してください。

- その機能があったら、連絡先リストの中からVIPを設定してください。7人以上いる場合はVIPではなく、違う分類を当てはめていることになります。
- 「ジ・オフィス シーズン2」[†2]の好きなエピソードを流し、どこか快適な場所に座り、スマホの重要でない通知をすべてオフにしましょう。ここで言う「重要な通知」とは、知り合いからの電話やVIPの通知です。これ以外の通知が必要だという心の声は無視し続けてください。
- スパム対策ソフトを購入してインストールし、スマホへのスパム電話やSMSをすべてブロックするように設定します。
- 快適な場所に戻り、「パークス・アンド・レクリエーション シーズン2」[†3]の好きなエピソードを流して、スマホで最近使っていないアプリをすべて削除しましょう。「いつかは必要になるだろう！」という心の声は無視してください。「スマホからアプリを削除しても、この世からアプリが消えるわけではない」と自分に言い聞かせてください。このフレーズを何度も繰り返しましょう。

最終目標：3分間の空き時間があっても、本能的にスマホに手を伸ばさなくなること。

8.3 電子メール

次のルールに従って、受信トレイを見ていきましょう。

- 読みたいメールであれば、読む。楽しんでください。
- そのメールが外部（仕事以外）からのもので、読みたくない場合は、必ず次のいずれかを実行してください。
  - 可能であれば、そのメールの配信を停止する。これは期待通りの効果があ

---

†2　訳注：2005年から放映されたイギリスのテレビドラマ。無神経な上司に振り回されるオフィスの日常をドキュメンタリータッチで描いた職場コメディ番組。
†3　訳注：2009年から放映されたアメリカのテレビドラマ。公園緑地課の役人を主人公にしたドキュメンタリータッチの職場コメディ番組。「ジ・オフィス」と同じ、グレッグ・ダニエルズとマイケル・シュアにより製作された。

ります。

  - 配信停止オプションが存在せず、以前に配信停止にしようとしたのを覚えている場合や、このメールにうんざりしている場合は、スパムとしてマークしてください。これは楽しいことだと自分に言い聞かせましょう。

- 仕事関係のメールで、自動送信されたもの（カレンダーの通知、コードのチェックイン、システムの通知など）であれば、朝の時間を使って、これらの通知を受信箱から然るべき場所に自動でフィルタリングする方法を学びましょう。

- お気に入りのメールアプリケーションのショートカットは、もしまだ覚えていなければ、覚えてください。

　最終目標：このルールに従って、私は仕事とプライベートの受信箱の未読をゼロにし、毎日それを維持することができました。何ヶ月にもわたってフィルターを調整したり、宗教的とも言えるくらい熱心にスパムフラグを立てたりしましたが、ここ数年で初めて、大事なメールだけが受信箱にあり、フィルターの手間もほとんどない、という状態に至りました。そう、私はSlackに多くの時間を費やしており、おそらくあなたが受信箱を見る時間に比べると私のはかなり短いのですが、それでも1日に何百通ものメールは届いています。

8.4　人生

　私は、どのように時間の優先順位を決めているのかとよく聞かれます[†4]。仕事がたくさんある印象があるのでしょう。まず、当然のことですが、私の1日はあなたと同じ24時間です。第二に、私は自分の時間を適切に使うことに徹底的にこだわります。ここで紹介したプラクティス一つ一つで節約できるのは、10秒かそこらかもしれません。しかし、翌月にその10秒を何千回と繰り返すことを思えば、その効果は倍増し、私の人生の時間の約160分、3時間弱になります。

　3時間あれば、ロードバイクで60km以上走れますし、山を1000m近く登ることが

[†4] 生産性向上のさせ方：ここでは生産性向上アプリについて触れていないことにお気づきでしょうか。書体やエディター、生産性向上のためのシステムについては、ありとあらゆるものを試しましたが、この1年間、生産性向上のためのツールでやれたかもしれないことは、ここで紹介したプラクティスと、それに加えてSlackのプラクティスで吸収できています。定期的に会う人たちとは1対1のチャンネルを開いていて、その共有スペースをお互いのToDoリストとして使っています。そうしてみると、生産性向上アプリに入れるようなタスクはほとんどそこに乗るのです。この習慣に加え、メールの受信箱が（たいてい空っぽなので）簡易ToDoリストとして使えることを考えると、生産性向上アプリは必要ありません。

できます。今読んでいる本をかなり読み進められますし†5、3時間あれば、この章の草稿を書くことだってできます。さらに2時間も作業すれば、完成させられるでしょう。その2時間をいつ確保できるかはわかりませんが、1分1秒を大切にしているので、すぐにできるとわかってます。

　あなたもそうしてください。

9章
新任マネージャーの
デス・スパイラル

　位置について、よーい、ドン。新任マネージャーのあなたは、銃声に驚きながらも、いよいよチャンスだと思って走り出します。マネージャーに昇進したあなたは、この仕事がしたかったのであり、自分を輝かせるチャンスだと思って走るのです。

　あなたの善意と鍛え抜かれた本能のせいで、いかにあなたの信頼が損なわれ、チームの成長が妨げられてしまうかについてお話ししましょう。あなたも、他のマネージャーと同じく権力を欲しがる嫌な奴であり、きわめて不完全なデータで判断を下していると思われてしまうのです。

　これは「新任マネージャーのデス・スパイラル」と呼ばれるもので、残念ながら私もかつて何度もそこにハマったことがあるので、ありありと説明できます。

9.1　よーい、ドン

　これから説明するのは、「新任マネージャーのデス・スパイラル」をごった煮にしたものです。デス・スパイラルにハマると、リーダーが犯しうるあらゆるミスが組み合わされ、それが見事に連鎖して恐ろしい混乱につながります。これから説明する内容に隅から隅まで当てはまることはないでしょうが、部分的に当てはまることは保証します。

　きっかけはある思い上がりです。「私は何でもできる。私がボスだ」

　新任マネージャーとして、自分の実力を証明したいと思い、何にでも手を出して、遅くまで働き、新しい直属の部下たちに良い第一印象を与えようと全力を尽くします。これは、あなた個人としての成功体験ですから、もちろんチームを率いるときにも有効でしょう。それが、スパイラルの始まりです。あなたが考えているのは、実は「私は何でも一人でできる。私がボスだ」だからです。

　あなたは、自分の仕事を完全に見える化してコントロールすることに慣れています。なぜなら、以前の一匹狼の仕事人生では、それでうまくいっていたからです。

　あなたは本能的に、自分の仕事を任せることに抵抗を感じています。それは、自分の権限が失われ、背景がわからなくなることを意味するからです。さらに、「以前にやったことがあるから、自分が一番適任だ」という思い込みがそれを加速させます。

　問題は、自分の承認欲求を満たしたいという強い思いです。自分でできる範囲をはるかに超えた仕事を請け負ったために、最初の負けパターンである「時間が足りずに仕事の質が落ちる」ことになってしまいます。締め切りに間に合わなかったり、約束をすっぽかしたり、中途半端な仕上がりなのに完成したと偽ったりと、気まずい状況に陥るのです。

　周りから失敗したと見られている気がするので、デス・スパイラルが加速していきます。そして、うわごとのように「全部**一人で**できる」と唱えることになります。「**コントロール**できている。だってボスなのだから」

　やがて現実を認めると、重要度の低い小さなプロジェクトを少しだけ任せるようになります。ここでいう「少しだけ任せる」というのは、他の人に仕事は与えるけれど、好きなようにやらせたり、背景を説明したりはしない、ということです。だって、そんな必要ありませんよね？　あなたがボスなのですから。知りたいと言われた時に教えます。

　すると、あなたと同じように、チームも失敗し始めます。自分にはプロジェクトの方向性を変える権限がないと感じたり、プロジェクトを取り巻く状況を十分に把握していないせいで、初日から間違った方向に進んでしまったりすることが原因です。彼らはデス・スパイラルにハマっているわけではないので、このことを伝えてきます。

9.2　最初は面と向かって

　ここからがスパイラルのつらいところです。覚えておいてください。デス・スパイラルは、ありとあらゆる間違った判断が組み合わさって起きるのです。

　その失敗プロジェクトを担当していたチームが、ミーティングでこう言っています。「プロジェクトのこの部分がより重要であることを理解していなかったので、ここからスタートしました。しかし、今になって思えば明らかにスタート地点が間違っていたのです」

　それを聞いて、あなたは内心イライラしています。口には出しませんが、あなたの考えはこうです。「明らかにスタート地点が間違っている。もし私がこのプロジェク

トを運営していたら、このような状況にはなっていないだろう」　おっしゃるとおりです。しかし一方で、大きな間違いを犯しています。もし、あなたがこのプロジェクトを自ら手がけていれば、あなたが培った経験のおかげで、もっとうまくやれていたでしょう。その意味で、あなたの思っていることは正しいのです。大きな間違いというのは、うまく任せて信頼関係を築くことをしない戦略は、「新任マネージャーのデス・スパイラル」を加速させる最大の要因の一つだからです。

　しかし、弱い姿を見せてはいけません。いつものセリフを思い出してください。「私は、**一人で全部できる**。**コントロール**できている。だってボスなのだから」　戦略を変えることは失敗を認めることであり、失敗は弱みです。そして、あなたはボスだから弱みはありません。あなたは、軌道修正のために最低限のアドバイスをして、「まあ、がんばってください」と伝えます。もちろん、実際にこんなことは言わないでしょうが、メッセージは様々な形で伝わるものです。何も言わなければ、そう受け取られてしまいます。

　このやりとりを通じて、あなたのチームはこう感じるでしょう。「自分たちは失敗しているのに、あなたは怒っていて、柔軟性がなく、自分たちの意見に耳を傾けようとしない」　スパイラルにおけるこの時点で、メンバーはあなたに話しかけるのをやめ、陰で話をするようになります。

9.3　やがて、陰で

　あなたが耳を傾けないので、このチームはメンバー同士や他のチームメンバーと話をするようになります。メンバーは自分たちで軌道修正しようとします。うまくいくかもしれませんが、デス・スパイラルの中ではそううまくいきません。そしてチームは失敗します。残念なことです。成功するために必要な情報をすべて持っていて、欲しかったのはリーダーの後押しだけだったのに、あなたが耳を傾けなかったせいで、メンバーは情報を共有せず、プロジェクトは失敗に終わったのです。

　誰もが失敗したと感じて落胆していますが、誰も本当の意味でのコミュニケーションをとっていないので、様々な意見がそのまま事実として受け取られてしまいます。あなたは、チームに適切な人材がおらず、人を入れ替えればもっと良い結果が得られるのではないか、と自問します。一方でチームメンバーは、あなたが情報を隠したり、意地を張ったり、聞く耳を持たなかったりして、自分たちに十分背景を説明しなかったから失敗したと思っています。

　そうやってあなたのことを非難し、あなたがどういう人であなたのリーダーシップ

がどういうものなのか、自分たちなりに考えを固めてしまうのです。あなたは一人ですが、チームメンバーはたくさんいるので、メンバーの考えの方が早く広がっていきます。そのうちに、自分のリーダーとしての能力に関する歪んだ捉え方が一部、あなたが信頼し、耳を傾ける人から伝わって、ショックを受けることになります。

そして、「**私はそんなのではない**」と静かに自分に言い聞かせるのです。

おめでとう。コミュニケーション不足、判断ミス、チームの士気低下などが巧みに組み合わさって、目の前の仕事の失敗を確実にしただけでなく、チームとの関係や自分の信頼貯金を回復不能なまでに傷つけてしまったのです。

あなたの言うとおり、それはあなたの本当の姿ではありません。今のあなたは、まさにリーダーとは正反対の存在です。

9.4　管理職に就くことは昇進ではない

昇進は今の仕事で成功したときに獲得できます。多くの企業では、昇進する前に一定期間、高いレベルのパフォーマンスを発揮しているので、新しい仕事の備えが整っている可能性が高いと期待されます。

このような状況では、管理職への備えは十分ではありません。管理職に初めて就くのは、キャリアとしては再出発です。そう、チームで仕事をすることを通じて、人とうまくやるスキルは獲得しています。しかし、「新任マネージャーのデス・スパイラル」に陥ると、新しい職務に就いたときに働く本能のせいで、間違った方向に向かってしまうことをここまで説明してきました。

もちろん、ここで紹介した新任マネージャーのデス・スパイラルのステップをすべてたどったことはないでしょう。しかし、この章を読んでいるうちに、「うんうん」とうなずいてしまった人もいるのではないでしょうか。「これはやってしまった」と。踏んだステップが1つであろうとすべてであろうと、教訓は同じであり、それは私が初めてマネージャーになったときに誰かに教えてもらいたかった教訓でもあります。ここでは、最も重要なエッセンスを3つご紹介します。

- **他人に自分の考え方を変えてもらう。**メンバーの数は1人ではありません。あなたのチームが持つネットワークの規模は、あなたのネットワークよりもはるかに大きいので、チームがあなたよりもより多くの情報を持っているのは当然です。その情報に耳を傾け、それに応じて、自分の視点や判断を変えましょう。
- **多様性のあるチームを作ることで、見えている弱点と見えない弱点を補う。**自

分に賛成してくれる人だけのチームを作れば、抵抗にあうことはほとんどありません。しかし、意見は、賛成されても洗練されません。意見というものは健全な不一致を通じて力を蓄えるのであり、そのためには、できる限り幅広い視野と経験を持った人間を探して採用しなければなりません。

- **不安になるくらい多くのことを任せる**。チームの誰かに仕事を完全に任せることは、その人の能力に対する信頼の証_{あかし}であり、チーム内で信頼関係を築く大切な方法です。自ら手を動かすことを手放すのは難しいことですが、マネージャーの仕事は質の高い仕事をすることではなく、仕事の量が増えても質を維持できる健全なチームを作ることです。

ここで紹介したことの核心は、どれも同じ本質的なリーダーシップの原点、すなわち「信頼」です。あなたがメンバーの話に積極的に耳を傾け、意見を聞いて自分の判断を目に見えて変えたとき、信頼関係を築くことができます。多様な意見が尊重され、健全な議論がなされることで、信頼が生まれるのです。自分でやれば手柄にできるような仕事を、本当の意味でメンバーに任せたとき、メンバーはあなたをリーダーとして信頼し始めます。

それこそ、あなたがなりたいリーダー像でしょう。

第II幕
Apple：ディレクター

　聞いた話によると、スティーブ・ウォズニアックとスティーブ・ジョブズは高校時代の友人でした。一人はハックすることが好きで、もう一人はそのハックの最終的な価値を理解していました。ウォズはハックし、ジョブズがそれを売ったのです。2人はApple Iを作り、木箱に入れました。Apple Iの反響と売れ行きは素晴らしく、「Apple II」（通称Apple][）の開発をするのに十分な資金がたまりました。それによりすべてが変わりました。1977年のことです。

　当時は、パーソナルコンピュータが登場し、世界中の注目を集めていました。中でも有名だったのがIBMです。ジョブズとウォズニアックは、アップルの中核となるアイデアをもとに、独自のパーソナルコンピュータを開発し、IBMを含むすべての人々に衝撃を与えたのです。IBMはOSを持っていませんでしたが、同じ頃、MicrosoftはIBMに対し、OSのライセンスを提供しました。他の企業もIBMのデザインを模倣しました。パソコンが普及したのです。オペレーティングシステムと一緒に。

　一方、Appleはといえば、「Apple III」と「Lisa」でつまずきました。信頼できない。高すぎる。こうした失敗への反省から、Appleのマッキントッシュ（Mac）が誕生し、未来のビジョンも定まりました。すなわち、コンピューターが持っているだけで誇らしい気持ちになれる小難しい趣味ではなく、親しみやすく役立つものになるというビジョンです。

　立ち上がりこそ遅かったものの、Macは、徐々にメモリとアプリケーションを増やし、アーティストにとってのデフォルトツールになっていきました。一方で、IBMのPCとその仲間たちはビジネスに浸透していきました。Microsoftは、Mac OSの芸術性を見習って、Microsoft Windowsを開発しました。他のMicrosoft製品と同様、Windowsも、3回のメジャーリリースを経てようやく使えるようになりました。

　Macも優れていましたが、企業には売れませんでした。Apple IIは売れたのに、で

す。社内政治とエゴ、そして有名な事件[†1]が原因で、ジョブズはAppleを去り、NeXTを設立しました。Appleは漂流状態となり、今や売れるようになったMacが無限にコピーされていくことに対して、抵抗できないようでした。

　MicrosoftはついにWindows 3.0を開発しました。コピーのせいでIBMの市場シェアは低下していましたが、いずれもCPUはIntelのものが主流となっていました。一方で、Appleの低迷は止まるところを知りませんでした。パートナーシップと社内政治の関係でAppleはジョブズのNeXTを買収しました。ジョブズはコンサルタントとして参加しましたが、私たちは彼が責任者だと思っていました（また、そうなることを期待していました）。

　ジョブズは、Apple内で進んでいた、焦点の定まらない、管理の行き届いていないプロジェクトを壊していきました。皆に好かれているプロジェクトもありました。ジョブズは、製品戦略を箱として描き、それぞれに4つのサブボックスをぶら下げました。そして、「我々はこれをやるぞ」とはっきり宣言しました。

　そして、実行したのです。

　まさに世紀の変わり目に起きたことです。私は、サンノゼにあるメキシコ料理店Chevy'sのバーに、当時のスタートアップ企業のCEOと一緒に座っていました。無駄にグラスの大きいマルガリータで酔っぱらった私たちは、ドットコムバブルの影響をぼんやりと受け止めながら、経営破綻した自分たちの会社で3回目のレイオフを計画していました。

　そんな時に、リクルーターのパトリックから電話があり、「Appleで働きたいですか？」と聞かれました。答えは決まっています。「子供の頃からAppleで働きたいと思っていました」

　スティーブ・ジョブズは、Appleのチームをスリムでハングリーな状態に保っていました。組織構造はできるだけフラットにして、幅広くコミュニケーションできるようにしていました。肩書きは認められていなかったので、Apple以前に何をしていても、マザーシップに到着した時点で肩書きは外されていたのです。

　私の場合、一見すると立場が下がったように見えました。自分で起業した会社ではディレクターでしたが、Appleではシニアマネージャーになったのです。しかし、実際にやることになった役割は同じで、それはマネージャーを管理することでした。現

[†1]　訳注：1983年、ジョン・スカリーはAppleのCEOに就任し、ジョブズとの体制はダイナミック・デュオと呼ばれました。しかし、翌年の赤字をきっかけにスカリーとジョブズとの間に確執が生まれ、1985年、ジョブズはスカリーによりAppleのすべての仕事を剥奪され、辞任するに至りました。

場にいる人から、さらにもう一歩距離を置くことになったのです。

この距離に馴染めなかったのです。マネージャーだった時には実際に現場仕事をしていないという違和感がありましたが、少なくともエンジニアのモニターを見て、仕事をしている様子を知ることができました。しかし、マネージャーのマネージャーという立場になると、仕事がどう進んでいるかについて他のマネージャーの言葉を参考にしなければなりませんでした。この距離が、マネージャーのマネージャーとしての最大の課題です。どうやって……

- 離れた場所で複雑なプロジェクトの背景を集めて維持することができるか。
- チームや仲間と高い信頼関係を築き、自由にコミュニケーションされる状態を維持できるか。
- チームに留まらず、組織全体におよぶビジョンや戦略を決めるか。
- そのビジョンや戦略を伝えるか。
- そのビジョンや戦略を実現できるように組織を変化させたり、必要に応じてまったく新しいチームを作ったりするか。

おわかりでしょう。単純なことです。

マネージャーの役割が、マネージャーのマネージャーになるための準備であるように、ディレクターの役割は、エグゼクティブになるための準備です。私は8年以上にわたり、Appleで様々なマネージャーのマネージャーという役割を果たしてきました。当時は、自分の成長速度が十分でないと感じていましたが、後になって、ちょうど良かったことがわかりました。

第II幕では、あなたの視点は、最近シニアマネジメントのポジションに移ったばかりの第一線の熟練マネージャーです。これまでリーダーシップを発揮してきましたが、いよいよ一つ上のステージに上がる時が来たのです。良かれ悪しかれ、社内政治とは縁が切れなくなっています。今までは、上下のコミュニケーションが重要でしたが、これからは横方向のコミュニケーションが必要になります。自分で手を動かすのはもう終わりです。

10章
青テープリスト

　数年前、家の1階をリフォームしました。元々は2部屋だったのを、壁を移動して
もう1部屋増やしたのです。これは、大掛かりな工事でした。騒音はひどく、あちこ
ちがビニールシートに覆われ、そしてホコリにまみれながら決断を繰り返す日々。

　乾式壁を貼り始めると、様子が変わって、また自分の家だと感じられるようになり
ます。そして、ホコリも騒音もない生活が恋しくなります。この頃になると、色々な
ところが「これを直してくれるんだろうか」と心配になってきます。欠陥を見つけて
しまうのです。未完成な箇所。小さなへこみ。ガーン。仕上げに入ると、うまくいっ
ていないところがどこもかしこも見えてきます。

　そんな悩みを施工業者に相談したところ、彼は青いテープを取り出して、こんな風
に指示してくれました。

1. これから完成するまでの間、出来の悪いところを目にすることも多いでしょう。
   でも、大丈夫ですよ。
2. 何か気になることがあったら、この青テープでマークしてください。
3. 青テープが貼ってあるものはすべて直します。

10.1　すべてが壊れている

　環境が大きく変わった後では、気に入らないものが驚くほど目に留まります。新築
の家やリフォーム後の家、新しい車、新しい仕事。自分を取り巻く環境が大きく変化
すると、脳は厳戒態勢に入ります。「何もかもが違う。注目しよう。何か重要なこと
が起きている」

　その理由は？　以前は、このようにあれこれ気になってしまう原因は、大金を使っ

たせいだと思っていました。お金を払った分、元を取りたいとか、あるいは、新しいものを完璧な状態で維持したいという子供っぽい願いとか。大きな買い物ならまだわかります。しかし、新しい仕事に対しても、「前と違う」「これは間違っている」と感じてしまうのはなぜなのでしょう。

　新しい仕事を理解するためには、90日はかかると思います。1ヶ月間はハネムーンのような心持ちですが、その後、1ヶ月も過ぎる頃には、絶望して、最初の輝きが失われてしまいます。この2ヶ月目には、新しい役割に関する大小様々な問題が目に飛び込んできて、この仕事を受けたのは最悪の選択だったという心の声が響きます。

　「見てくれ、この有様を。自分は間違えてしまった」

　大きな買い物をしたときと、大きな転職をしたときとで、反応が似ているのはなぜでしょうか。原因はどちらも環境が変わることにあります。前の部屋がどんなだったか、前の車の走りがどうだったかをわかっているのと同じように、前の仕事のやり方も理解しているのです。

　このような経験を何度もしてきた私は、簡単な解決策は「我慢すること」だとわかりました。そのうち、違和感も解消されます。だからこそ、チームメンバーが、新しく加わった社員のことを少し心配している時、私はいつも穏やかに「入社したのはいつ？」と尋ねます。もし、2カ月以内であれば、私は「事態が深刻でなければ、もう1カ月待ってみてはどうか」と提案します。「彼らは新しい環境にまだ慣れていないし、私たちも彼らのことをよく知らないのだから」

　新しい直属の部下を持つマネージャーに対するアドバイスなら良いでしょう。でも、もしあなたが部下の立場だったとして、すでに2ヶ月半が経っていて、すべてが壊れてしまったと感じている時に「もう少しだけ待っていてください」と言われても役に立ちません。むしろ、悪いアドバイスというべきでしょう。

　青テープの出番です。

10.2　壊れ度合い

　施工業者は、私たちが青テープを貼ったところをすべて直してくれました。私や妻が「青テープを貼ったところは必ず直してもらえる」とわかっていたことは、大きな安心感につながりました。仕事の場面では、青テープのアドバイスに、少し手を入れて簡略化しています。

1.　新しい環境では、違和感のあるものは何でも目につきます。

2. 大小に関わらず、違和感を感じたことをすべてリストアップしてみましょう。

3. 1ヶ月くらい待ってから、すべてに対処してください。

　新入社員へのアドバイスで約束しているのは、違和感のあるものをすべて**直す**ことではなく、**対処する**ことです。対処というのは、問題を修正することもありますが、修正しない場合にそれを正しいと思わなかった理由を明確に説明することも意味します。

　驚くことに、1ヵ月経ってから青テープリストを見直してみると、当時は緊急性が高いと思われていた項目が、まったく重要ではなくなっていることに気付くことがあります。新しい仕事では、一刻一刻で多くを学びます。その環境に関する情報をたくさん集めているのです。チームや自分の役割、そして会社についての自分の理解を日々新たにしているのです。3ヶ月も仕事をすれば、その環境について完璧に理解したとは言えないまでも、2ヶ月目の終わりに比べれば格段にわかるようになっています。

　青テープリストのすべての項目に対処してください。どれ一つとってもほったらかしにしてはいけません。問題を解決する計画を立てているのであれば、その方法と時期を説明してください。修正するつもりがないのなら、その理由を説明してください。問題の相対的な重要性について確信が持てない場合は、どうすればわかるようになるかを考えてください。

　環境が大きく変わるのは、楽しいものではありません。日常的に慣れ親しんでいたものが、どれも見知らぬものになってしまうせいで生まれる、いっときの感情です。脳が厳戒態勢に入るとストレスがたまりますが、そのストレス状態であれば、慣れた人には見えない欠陥が見えてきます。

　必要なのは青テープだけです。

11章
我慢の限界まで任せる

　今回はリーダーシップの技能賞についてお話ししましょう。この技能賞を獲得するためには、あるタスクをやり切らなければなりません。そして、そのタスクには重要なリーダーシップが必要になります。技能賞自体は重要ではなく、最も重要なのは、技能賞につながる教訓を発見することです。

　本書の構成から見当がついているかもしれませんが、技能賞には3種類あります。マネージャーとして戦術をふるって獲得できるもの。ディレクターとしての戦略的なスタイルによって獲得できるもの。そして、エグゼクティブとしてのビジョン探求により獲得できるつかみどころがないもの。

　技能賞の完全な一覧が見たいですって？　すみません、それにはもう1冊本が書けてしまいます。とりあえず、この**第Ⅱ幕**の序盤では、そのうちの一つをご紹介します。役割に関係なく、最も重要なリーダーシップの技能賞、それが「**任せること**」です。

11.1　託すこと

　まずは定義から始めましょう。任せる。動詞。（**タスクや責任を**）**他の人、通常は自分よりも目下の人に託す**こと。この定義のキーワードは「託す」ですが、それを紐解く前に、まずはマネージャーになったばかりの頃にタイムスリップしてみましょう。

　リーダーになったばかりの頃に最も混乱するのは、責任の範囲が変わることかもしれません。これまでも、特定の業務や機能、テクノロジーなどで自分が担当するものがありましたが、今やそれ以上になっています。あなたの責任範囲は、あなたのチームメンバー全員の責任に及びます。**9章**で説明したように、当初は本能的に、チームメンバー全員の仕事が自分の責任だと思っています。それはまったくの間違いという

わけではありませんが、失敗しやすい考え方です。

　確かに、あなたのチームで何か問題が起きれば、上司に問い詰められるのはあなたです。見つめられていると、確かに責任を感じてしまいますね。しかし、それよりはるかに生産的なのは「自分にあるのは**説明責任**だ」という考え方です。

　説明責任も責任ではありますが、重要な違いがあります。説明責任を果たすためには、行動や決定を正当化（説明）する意思や義務感が必要です。つまり、うまくいかなくなって周りに問い詰められたときに、「どうしてそうなったのか」「解決するために何をするつもりなのか」を両方とも説明できなければならないのです。どうすれば、そんなことがわかるのでしょう？　あなたのチームはすでに、自発的に……あなたに伝えています。

　物事がうまくいかなくなったとき、あなたはあわてて、その問題の領域について知っている人間を探すでしょう。あなたが切羽詰まった状況にあり、大慌てであることをそういう人たちはわかっています。彼らはプロフェッショナルらしく、臆病なほどに慎重なので、**あなたの言うことを一言一句聞き漏らさないようにします。**

　このとき、自分だけが責任を負っていると信じ込んでいるマネージャーは、「私は」を連発します。そういうマネージャーは突っ込んだ質問をします。あたかも、**自分たちが解決すべき問題であるかのように**です。なぜなら、重要人物が手厳しい質問をする相手は、自分だからです。そういうマネージャーは責任を感じており、言葉や質問の端々から「もし私自身が担当エンジニアだったら、こんなことにはならなかっただろう」という気持ちがありありと伝わってきます。

　それでは、信頼が失われてしまいます。

　「任せること」が最も重要な技能賞だと言いましたが、それは、この賞を獲得できたということは、リーダーシップの旅を前に進めるために重要な教訓を学んだということだからです。

11.2　シー、静かに

　副社長から新しいプロジェクトを任されました。あなた一人では、何度も行ってきた仕事です。一人でやる分には朝飯前ですが、ディレクターという立場ではコードを書く時間がないので、マネージャーの一人であるジュリーにプロジェクトを預けました。

　ジュリーとの1on1で、プロジェクトについて説明します。このプロジェクトを成功させるためにはどうすればいいのかを説明し、要員計画やスケジュールについて

も話します。ジュリーはこのようなことをしたことがないので、いろいろと質問をしてきます。あなたは経験があるので、経験に基づいた完璧な答えを出すことができます。ジュリーはあなたの答えを書き留め、さらに質問をします。彼女は学んでいるのです。

90日間のプロジェクトが始まって30日が経った頃、チームからこのプロジェクトの進捗についての懸念を耳にします。そこでジュリーに、次の1on1でプロジェクトの状況について話し合いたいと伝えます。ジュリーは準備してきます。彼女もその懸念は聞いていて、どうすれば解決できるかを考えています。

彼女の意見は、よく考えられたものではありますが、間違っています。それでいいのです。これまでやったことがないのですから。あなたは、別のやり方について議論します。ジュリーは黙って聞いています。自分の考えが間違っていて、あなたの理屈が正しいことを把握したからです。彼女は質問をしてきます。おそらく、自分の考え方を調整しているのでしょう。

プロジェクトが終わりに近づくと、最終的に出来上がるものが満点ではないことが明らかになります。機能的には問題なく、スケジュールも守られましたが、性能問題が発生し、次のリリースで修正するために、1ヶ月分の予定外の作業が必要になりました。B評価ですね。

頭の中で「私がキーボードを叩いていたら、満点だったのに」というささやきが響きます。シーッ、静かに。この場合のB評価は、あなたが信頼できるリーダーである証なのです。その理由についてお話しましょう。

まず、ジュリーは自分とチームにとってこのプロジェクトが大きな挑戦になることをわかっていました。このようなプロジェクトをやったことがなかったからです。誰もが身の丈に合わないとわかっていたのに、この仕事を預けたことによって、あなたは信頼を得ました。

2つ目は、プロジェクトの雲行きが怪しくなったときに、過剰反応しませんでした。どうすれば理解してもらえるか考え、自分がこの仕事をしたときの話をすることによって指導しました。それにより、さらに信頼を得られました。

3つ目は、マイクロマネージャーにならないための貴重な教訓を得たことです。最初に、ジュリーにガイダンスをたくさん与え、質問に答え、そして彼女と彼女のチームに任せました。横道にそれたとき、罰するのではなく、指導しました。

最後に、彼らはやり遂げました。プロジェクトを完遂したのです。プロジェクトのリリースまでこぎ着け、それを通じて貴重な経験を得ました。あなた自身が初めてこのような仕事をしたとき、どうだったか思い出してください。様々な場面で想像もつ

かないような失敗をしてしまったかもしれません。今回のあなたのふるまいのおかげ
で、このリーダーとこのチームが次のプロジェクトをやったときに、A評価が取れる
でしょう。

　慣れ親しんだ仕事を他の人に完全に任せることは、その人の能力をはっきりと信頼
していることの証です。それこそが、チーム内の信頼を形成するための大切な方法の
一つなのです。自ら手を動かすことを手放すことは、それで何が得られるかはわかり
にくいのですが、リーダーというものは、人を育てることで自分を育てるものなの
です。

11.3　リーダーを増やすという大切な仕事

　「任せること」が私にとって、大切なリーダーシップの技能賞である理由はもう一
つあります。それは、任せることは人から人へ伝わっていくものだからです。マネー
ジャーとしての任せ方があるように、ディレクターとしても、また別の任せ方があり
ます。さらに言えば、より高い立場で任せるためには、あなた自身もよりスキルを高
める必要が出てきます。

　ここでは、私が以前勤めていた会社で書いたリーダーシップのキャリアパスから抜
粋して紹介します。これは、経験のレベルに応じて、任せ方がどう変わるかを説明し
たものです。

- **マネージャー**：明確に定義された小規模なプロジェクトを定義し、チームの誰
かに任せる。ただし、プロジェクトの管理はしっかりやる必要がある。
- **シニアマネージャー**：重要なプロジェクトを定義し、チームの誰かに任せる。
プロジェクトの管理はある程度やる必要がある。
- **ディレクター**：大規模なプロジェクトを定義し、チームや特定の誰かに任せ
る。プロジェクト管理はそれほど必要ない。
- **シニアディレクター**：大規模で複雑なプロジェクトを定義し、チームや特定の
誰かに任せる。プロジェクト管理はそれほど必要ない。
- **エグゼクティブ**：大規模で複雑なプロジェクトを定義し、機能横断的な社内外
のチームに任せる。プロジェクト管理はそれほど必要ない。

　リーダーとして成長していく中で、次の3つのスキルが身についていっているのが
わかるでしょう。

- チーム/個人がどの程度の管理を必要とするのかを測定する
- プロジェクトの規模と複雑さを評価する
- その仕事をこなせるチームの構成と人数を検討する

　マネージャーについて昔からよく耳にする不満は、「彼らは一日中何をしているのだろう？」です。良いマネージャーは何をしているか知っていますか？　良いマネージャーは、自分に割り当てられたタスクすべて自分のチームメンバーに割り当てます。マネージャーの仕事はものづくりではなく、ものづくりができるチームを作ることだからです。

　仕事を手放すのは、戸惑いますし、簡単ではありません。今の自分を作った仕事から距離を置くことになるからです。あなたがやってきた仕事のおかげで、あなたは良いリーダーになるための経験を積むことができました。任せることによって、自分自身ができることが広がりますが、それだけではありません。任せることによって、チームの中でリーダーを育てられるようにもなるのです。

12章
採用するには

採用の観点から言うと、私が一緒に働いた中で最も優秀なエンジニアリングマネージャーは、2人の採用でその評価を確立しました。こんなやりとりがありました。

私「iOSチームを作る必要があります。ウチのエンジニアは優秀ですが、今のチームにiOSのトレーニングをする時間はありません。採用した方が早いでしょう」
彼女「いいですね、誰を雇いましょう？」
私「ここに理想的な人の履歴書があります。獲得することはできないでしょうが、この人は信じられないほど有名なiOSエンジニアで、生産性が高いだけでなく、教育面でもきわめて優秀なのです。入ってくれれば、チームにとって、この上ない起爆剤になるでしょう。こういうエンジニアが必要なんです」
彼女「なぜ雇わないのですか？」
私「雇うのは無理でしょう。いい条件で声をかける人が他にいっぱいいるんです」

3ヶ月後、まず無理だと思っていたその有望な人が、条件提示を受け入れました。その2ヶ月後にも同じことが起きました。まず無理だと思う人を話題にあげた直後に、その優れたエンジニアを採用できたのです。

何か仕掛けがあるとお考えでしょう。莫大な資金を投入したと思われるかもしれませんが、そうではありません。ごく一般的な報酬です。とてつもなく魅力的な役職を約束したと思われるかもしれませんが、それも違います。提示したのは、優秀なエンジニアたちと一緒に、iOSアプリケーションの最初のバージョンを作る仕事でした。

唯一やったことと言えば、毎日、採用活動のための時間を確保することだけです。

12.1　採用活動の第一のルール：50％の時間を使う

　まず、ルールから説明します。チームで募集する職種一つにつき、1日1時間を採用に関連する活動に費やす必要があります。費やすのは自分の時間の50％が上限です。募集していない？　それでも、定期的に行わなければならない重要な仕事があります。それについては後ほど説明します。

　一呼吸おいて、1つ前の段落を噛み砕いてください。ショックを受けるエンジニアリングマネージャーも多いのではないでしょうか。「時間の50％？　本気で？」　そうです。「でも、弊社には十分に機能している優秀な採用組織があります」　そういう組織があることは喜ばしいことで、仕事も楽になります。ただ、そうであっても、時間の50％を採用に費やすことには意味があります。「その理由は？」　よくぞ聞いてくれました。

　健全で生産性の高いエンジニアリングチームを作り、維持するためにできることの中で、チームのための人材を発掘し、声をかけ、自社について売り込み、雇用することほど重要な仕事はおそらくないでしょう。あなたのチームに所属するメンバーは、チームが行うあらゆる仕事に責任を持つだけでなく、チームの文化の担い手でもあります。ハイテク分野の文化については、これまで多く時間を割いて語ってきましたが、端的に言えば、文化を築くのもそれを守るのも、仕事をする人間であるということです。文化を形作れるかどうかは、文化を豊かにしてくれる多様なメンバーを採用できるかどうかにかかっています。

　もっと詳しく見てみましょう。

12.2　採用活動の基礎知識

　採用活動を考えるには、採用活動の段階を一つづつ踏んでいくのがよいでしょう。**図12-1**に概要を示します。

　このじょうご型チャートは、ランズ・ソフトウェア・コンソーシアム用に作った仮想のものです。そして、我が社は現在社員を募集しています！[†1]　私がじょうご型チャートを愛用しているのは、複数の視点から捉えた情報をわかりやすく一つの視点

---

†1　本物ではありません。ただ、偽のデータと言っても、経験に基づいたものではあります。このサンプル会社については、いくつかの前提があります。従業員数は約500人。この会社は素晴らしく成長する時期で、100人以上を募集しています。あなたの会社やチームの成長段階は異なるかもしれませんが、この記事の戦略の多くは当てはまります。

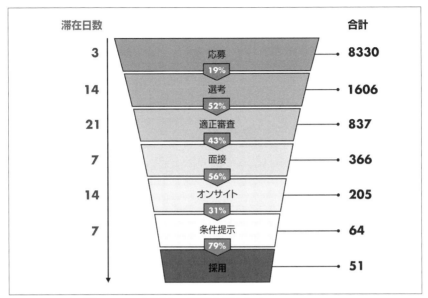

図12-1　じょうご型チャートで表現される典型的な採用プロセス

でまとめてくれるからです。採用の段階を次に示します。

応募

求人に応募した。または社内外の関係者がスカウトした。

選考

一次選考を通過した。

適正審査

より厳しい選考を通過した。情報をより多く集めるために、コーディング演習を行ったり、電話の画面を設計したりする。

面接

正式な面接のプロセスに入った。

オンサイト

会社に来て面接を受けた。

条件提示

　　　条件提示を受け取った。

採用

　　　条件提示を受け入れた。

　この図は、およそ半年を表しています。「滞在日数」の列に書かれた数字は、候補者が各ステージに滞在する平均日数を表しています。中央にグレーで書かれたパーセンテージは、各ステージを通過した候補者の割合を示し、右の「合計」の数字は、その期間における各ステージの候補者数の合計を示しています。

　50％の時間をどこに費やすべきかを語る前に、まず、採用チームとの間で2点合意できていることを確認する必要があります。

1.　採用プロセスのステージに関する合意。ここでご紹介するチャートは一例であり、読者のフローとは異なるかもしれません。別のステージがあるとしたらどんなものでしょう。各ステージに入るときと出るときの条件は？
2.　1を定義したら、その定義には驚くほど簡単にアクセスできるようにしておく必要があります[†2]。

　これらの情報が整備され、プロセスがスムーズに運営されていれば、採用プロセスの各ステージがどのくらい効率的なのかがわかりますし、十分な情報に基づいて質問できるようになります。「候補者が最も時間を費やしている場所とその理由は？　コーディング演習と面接で最も多くの情報を集めているが、これらの合格率はもっと下げた方が良い？　候補者はプロセスの各部分にどのくらいの時間を費やしているのか？　候補者にそういう経験をしてほしいと自分たちは思っているのだろうか？」

　本章では、十分に機能している優秀な採用チームがあることを前提としています。そういった採用チームは、あなたが採用活動を効果的に行うために欠かせません。採用チームの仕事の一つは、採用プロセス全体が健全に運営されていることの見える化と、あらゆるステージにいる候補者の状態の見える化です。このように採用チームと

[†2]　通常はここからプロセスが始まります。なぜなら、あなたは製品を作るのに忙しく、採用担当者は採用活動に忙しいからです。採用情報に簡単にアクセスできるようにするためには、厳密なプロセスとそれを支える柔軟なツールが必要です。初めてこれを作る人へのアドバイスとしては、「数人のエンジニアを1年間このプロジェクトに割り当てること」です。

タッグを組んでデータを見ることにより、どこに時間を投資すべきかが一層はっきりします。

12.3　発見・理解・歓喜

この章では、従来の採用パイプラインや、読者がすでに行っているおなじみの作業については触れません。ここで扱うのは、採用に関して、普段読者が**目を背けている**仕事です。これを「**エンジニア採用パイプライン**」と呼ぶことにしましょう。これは、前章で説明したじょうご型プロセスの上に構築されたパイプラインです。エンジニア採用パイプラインにおける状態とは、選考の進捗状況ではなく、**プロセスを通過するごとに候補者の考え方が変わっていく**ことを表しています。この独特なパイプラインを通っていくにつれ、候補者は3つの状態を経ていきます。それが、「発見」、「理解」、「歓喜」です。

発見

まず、「発見」とは、あなたのチームや会社でチャンスがあることをまだ知らない優秀な候補者の心理状態です。そういう候補者を見つけ出し、あなたの会社で一緒に働きたいという気持ちを発見させるのがあなたの仕事です。

採用用語では、こうした候補者を見つける人を**ソーサー**と呼びます。ソーサーの仕事は、募集要項を見て、それに合う人間を見極めることです。ソーサーは広く網を張って、条件にあった候補者をできるだけ多く連れてきます。発見に該当する期間は、あなたもソーサーとしての役割を果たします。ただ、仕事のことを熟知している分、的を絞って時間を使えるでしょう。さらに重要なのは、募集中の仕事ができると思われる候補者と直接仕事をしたことがあることです。ソーサーとして効率よく仕事をするためには、「マストリスト」を作らなければなりません。

マストリスト

今まで一緒に仕事をしてきた人の中で、もう一度一緒に仕事をしたいと思う人をリストアップします。**なんとしても**、また一緒に仕事をしたいのです。空白のスプレッドシートを立ち上げ、入力を始めましょう。スプレッドシートを勧めるのは、様々なデータを収集し、リストが増えるにつれて、様々な方法でデータを切り分けたいと思うようになるからです。

思いつく人を全員書き出してください。エンジニアであるかどうかは関係ありませ

ん。手を動かし続けましょう。連絡が取れるかどうかも関係ありません。その人の名前、現在の会社、現在の役割、そして、その人をリストに載せた理由を書いてください。できましたか？　1日寝かせてからもう一度見ましょう。大切な人を忘れているはずです。

　この「マストリスト」の使い道は2つあります。まず、自分のチームに新しい仕事が舞い込んだ時、リストを開いて、条件に合いそうな人がいないかを確認します。そして、友好的なメールを送ります。「こんにちは、お元気ですか？　ある仕事を引き受けたので、また一緒に仕事をしたいと思います。コーヒーでもいかがでしょう？」最近話をしていないようなら、その仕事に興味があるかどうかにかかわらず、コーヒーを飲むことが多いです。**友達**だからです。そして大抵の場合、相手は今の仕事に満足しています。たまに、その条件に合いそうな人を相手が知っていることもあります。そして、ごくまれに、面接に来てくれることがあります。コーヒーを飲み終わったら、最後に連絡を取った日、現在の状況、次のステップ、そして近況に関するメモなど、スプレッドシートの残りの欄を更新します。

　マストリストの2つ目の使い道は、毎月のレビューです。自分のチームで募集をするかどうかにかかわらず、1カ月に1度くらいの割合で、このリストを見直し、過去90日間に誰と話していないかを確認します。いい人がいましたか？　メールを送りましょう。「こんにちは。お元気ですか？　コーヒーでもいかがでしょう？」　繰り返しになりますが、声をかけた人が、転職に興味を持つことはほとんどありません。ただ、運よく仕事を探しているようなことがあれば、また一緒に仕事をするために何でもやりましょう。

　この「発見」の状態に投資した時間に対する見返りは、これから説明する「理解」や「歓喜」に比べて、かなり低く感じられるでしょう。進捗を測ることが難しいためです。今のところ、私の「マストリスト」には42人が登録されていますが、1年に1人でも採用できれば、天にも昇る心地になります。しかし、リストにあるのは友人たちであり、このネットワークへ投資した時間には、採用できるかどうかとは無関係に、ほとんどの場合、予想外の見返りがあります。リストにあるのは私の友人たちで、彼らは他にもその仕事に適した人や私が会うべき人を知っています。彼らは面白い方法で世界を観察しているので、その観察結果を聞きたいのです。

　「発見」の状態では、自分のネットワークに的を絞って戦略的に投資をしています。マストリストに入っているのは、彼らが何をできるか、あなたが自分の目で見たからです。以前に絆を築いていて、こうして少し時間を投資することで、その絆を強め、再確認できるのです。このネットワークの価値は、つながりの数と強さで決まり

ます。

理解

　では、「**理解**」に進みましょう。ある候補者は、人がひしめいているじょうご型プロセスの最上部を通過し、評価される段階に進みました。**図12-1**の仮想プロセスの数字を見ると、この候補者が条件提示のステージまで進むことは滅多にありません。しかし、条件提示をできるかどうかにかかわらず、あなたの仕事は、理解することです。

　ここで見るのは「必要なスキルを持っているか」ということです。面接は、この情報を手に入れるために行います。「理解」で重視するのは、候補者の考え方をもう一度見直すことです。候補者は、自分のスキルや資格についての質問に答えながら、「このエンジニアリングチームはどういう人たちなのか？」「ここでは何が大切にされているのか？」「何を目標にしているのか？」といったことを考えています。

　宿題です。ご自身のPCやスマホから離れて、面接に参加しているエンジニアを誰か捕まえて、この3つの質問を聞いてみてください。できましたか？　今度は別のエンジニアに聞いてみましょう。答えを比べてみましょう。同じことを言っていますか？　説得力はありますか？

　エンジニアチームの文化を説明するかどうかは、運次第であることが多いです。面接の最後の数分間、候補者に「何か私たちに聞きたいことはありますか？」と尋ねます。この気の抜けた質問は、候補者が「ここで働くのはどんな感じですか」といったゆるいボールを返してくれることを期待したものです。あなたは、「ここが大好きです！」「難しい問題を解決しています！」といういつもの答えを返すのですが、候補者にとっては大して面白いものではありません。

　あなたがやるべきなのは、候補者が会社のミッション、文化、価値観を理解しているかどうかを確認することです[3]。面接を通じて、候補者はこうしたことの一部を会話の中から拾い上げるでしょうが、どのようにエンジニアリングを行っているかを伝える責任があることを覚えておいてください。候補者について聞き出すのではなく、候補者が働くかもしれないところについて、はっきり説明するのが肝心です。そして、運のいいことに、自社の性格についての会話を通じて、候補者について知ることもできるのです。

---

[3]　そう、これが意味するのは、ミッション、文化、価値観をあらかじめ定義し、全員がその定義に同意していなければならないということです。

候補者が「理解」の状態を通過するシナリオは2つあります。

● **シナリオA**：内定を受け取った際、理解に時間を費やしたことで、内定時に実のある会話ができるようになり、入社してすぐに戦力になれる。
● **シナリオB**：内定には至らなかったけれど、あなたやチームの性格、ミッションを明確に理解してもらうことができる。

採用担当者は、面接に費やす時間を「候補者体験」と呼んでいますが、条件提示に至るかどうかにかかわらず、「理解」は、優れた候補者体験に欠かせないものだと私は考えています。

歓喜

ついに、「**歓喜**」の状態にたどり着きました。おめでとうございます！　候補者に条件を提示するのです。プロセスを通過する割合を見返してみれば、滅多にないことだとわかるでしょう。台無しにしないようにしましょう。

新米マネージャーは、条件提示をするときに「採用できた！」と勘違いしがちです。対して、経験豊富なマネージャーや採用担当者は、「席に座るまでは、入社していない」と知っています。あなたと採用チームがきちんと仕事をしていれば、条件提示は形式的なものです。それというのも、すでに候補者が今どういう生活をしていて何を目指しているかわかっているからです。提示する条件を定め、提示し、交渉することについては別の章で説明しますが、もし交渉が予想外に手間取ったり、驚くようなことが続いたりするとしたら、候補者体験のどこかで重要な情報を見逃している証拠です。

条件を受け入れてくれました！　ばんざーい！　しかし、私たちの仕事はまだ終わっていません。**まだ入社していない**からです。歓迎しましょう。よかったと思ってもらうのです。

最悪なのは、候補者が一度受け入れた内定を辞退することです。好ましいことではないと思いますが、意外とあることです。候補者の立場になって考えてみてください。おそらくすでに仕事をしているでしょうし、そこではみんなの名前がわかっていて、おいしいコーヒーが飲める場所がわかっているのです。

電話での顔合わせ、自宅でのコーディング演習、1日がかりの面接、さらに2回の電話、様々なメールを経ても、あなたとエンジニアリングチームは未知数のままです。真夜中に、ふと疑いが頭をもたげたとき、候補者にとってあなたは不確かな未来その

ものです。歓喜の状態にある候補者に対するあなたの仕事は、あなたとの未来を想像させることです。

自分がこの状態の時にどんな気持ちだったのかを思い返しながら、条件提示を受けた後の行動を考えてみます。条件提示を受けてそれを承諾したという高揚感が一通り過ぎ去った後、私は何をすればいいのでしょうか？　提示された条件を読み返します。福利厚生を見直します。会社のホームページを見て、**一言一句吟味します**。何を探しているのでしょう？　なぜ調査を続けるのでしょうか？　私は自分の決断を吟味しているのです。

条件提示は大切な書類です。そこには、給料と福利厚生について詳細に書かれていますし、それが大切な情報であることには変わりありません。しかし、この重要な検討時期に、未来の同僚を喜ばせるために伝えるのは「**本当の条件提示**」です。

入社の1週間前に「本当の条件提示」を送ります。その時には必ず次のことを伝えるようにしています。

1. 会社とチーム、そして私たちが抱える課題についての私が現在考えていること。
2. 新しく参画したメンバーに最初に期待する3つの大きなプロジェクト、これらのプロジェクトが重要であると考える理由、そして相手がプロジェクトに取り組むに値すると考える理由。
3. 相手がどう成長できるのかについて、できる限り詳しく。

ここに書かれたことで、目新しいことは何もありません。実際、何か驚くようなことがあれば、採用プロセスのどこかに失敗があったことになります。この書類の目的は、私たちが採用という過程を終え、これからは一緒にものづくりをしていくのだと認めることです。

条件提示をしてそれが受け入れられた後、ほとんどの企業はメモと……プレゼントを贈ります。私が受け取ったのは、花やテラリウム、簡単な手書きのメモでした（そういったものについて、感謝しています）。気持ちのこもったプレゼントですが、考えることはあまりありません。新しく入社してくれる人が転職について深く考えている時期だからこそ、その考えをさらに掘り下げてほしいのです。これから参画するチームとそのミッションを理解してもらいたいですし、これからどんな仕事をするのかを具体的に理解してもらい、この新しい仕事が自分のキャリアにどんな良いことをもたらす可能性があるかを理解してもらいたいのです。

12.4 時間の50％を使う話をもう一度

　採用という仕事は共同作業です。確かに、50％もの時間を使わなくても、採用責任者として成功することはできます。また、採用プロセスに関わる仕事をすべて採用担当が行うこともできます。ふりかえれば、採用活動がとてもうまくいったのは、優秀な採用担当を観察し、一緒に仕事をしたときでした。

　避けたいと思うのは、採用責任者が採用プロセスをすべて、優秀な採用チームに任せてしまうことです。「発見」、「理解」、「歓喜」の段階を通じて、学び、磨いておくべき重要なリーダーシップスキルがあります。「発見」で学ぶべきは、偶然の出会いから生まれたネットワークを継続することが持つ力です。「理解」においては、自社のストーリーをいかに伝えるかということと、候補者のストーリーをいかに理解できるかということです。最後に「歓喜」では、候補者が思い悩んでリスクを回避しようとする気持ちが最も強くなる時期に、この候補者を喜ばせる最善の方法を見極める能力です。

　採用とエンジニアリングは掛け合わせることで力を発揮する組み合わせです。なぜなら、健全で生産性の高いチームを作る仕事は、チームと会社の成功につながるからです。時間をかける価値があるでしょう。

13章
陰口・うわさ話・作り話

みんな、ただ……座っているだけです。

　6人で集まっています。ここにいるマネージャーは皆、あなたの上司であるエヴァンの部下です。エヴァンは2週間前、リーダーで定期的に集まって、その時に起きていることについて話し合おうと決めました。そして全員のカレンダーに、議題のない60分程度の定期的なミーティングを入れたのでした。そして今行われているのがそのミーティングです。

　6人です。全員顔見知りです。そのうちの2人とは、毎日のように密に仕事をしています。他の2人とは、時折、重要なプロジェクトを共同で行っています。最後の2人とは、廊下ですれ違えば、仲良く挨拶する間柄です。

　エヴァンは、みんなに直接会って話したり、ミーティングの招待メールに書いたりしたことをそのまま繰り返して、ミーティングを開始します。リーダーで集まってあれこれ話すのは、おそらく悪くないでしょう。エヴァンは当たり障りのないオープニングを終え、皆はただ……そこに座っています。誰も何も言いません。

　初めてのスタッフミーティングにようこそ。

13.1　耐えがたく多い厄介事

　1on1が一週間の中で最も重要なミーティングであると、私は確信しています。僅差で2位につけているのがスタッフミーティングです。1on1がスタッフミーティングに勝る点は2つあり、どちらも重要です。すなわち、信頼関係が構築できること、そしてそこで交わされる情報の質が高いことです。それでも、スタッフミーティングを定期的に行うことで、チームビルディングができたり、情報を効率的にやりとりできるようになったり、健全に議論できるようになったりします。

　まずは定義から。私はスタッフミーティングを「チームや製品、会社について考えたり、問題に対応したりするため、リーダーを適切に集めた会議体」と定義しています。長ったらしいですね。もっとシンプルですぐに使える定義は「あなたの直属の部下のミーティング」です。

　そうだとするなら、あなたに直属の部下がいるなら、スタッフミーティングをすべきということになりますよね？　本当にそうか、見ていきましょう。

　スタッフミーティングをやり始めるかどうかは、判断が必要です。次の質問について考えてみてください。

- 直属の部下は何人いますか？　2人？　それならスタッフミーティングは不要でしょう。3人以上？　それなら、先に進みましょう。
- 一緒に仕事をする直属の部下は何人いますか？　半数以上なら、スタッフミーティングを検討します。
- あなたの直属の部下には、マネージャーがいますか？　それでは、もっと前にスタッフミーティングが必要でしたね。
- この半年間で、あなたのチームはどのくらい人数が増えましたか？　25％以上？　それではスタッフミーティングをやりましょう。
- この1ヶ月間で、チームメンバーがお互いに話し合えば解決できたと思えるような厄介事はどれくらいありましたか？　受け入れにくいくらい多いのであれば、スタッフミーティングをやりましょう。
- 最近、組織で何かが炎上しましたか？　それではスタッフミーティングをやりましょう。でもまだ、何度もやる必要はありません。

13.2　悪気のないミーティング嫌い

　最初のスタッフミーティングは、当然のことながら静かなものです。慣れていないことに加え、悪気なくミーティングを嫌がる気持ちがあるのです。冒頭の例では、エヴァンは最初のミーティングを最悪の雰囲気にしてしまいました。ミーティングにおける最悪の罪「アジェンダなし」を犯したのです。

　アジェンダに触れる前に、ミーティングの大切な2つの役割についてお話します。スタッフミーティングがうまく運営されていれば、95％の時間が健全な会話と議論に割かれています。ここでのキーワードは「**健全**」です。出席者の大多数が会話に参加していて、その会話が予想外の方向に進んでいくなら、スタッフミーティングがうま

くいっていることを示すわかりやすい証拠です。予想外の方向に進んでも価値のある新しい発見がなければ、その会話を取りまとめている人がいないということです。そこで、ミーティングのまとめ役の出番です。

ミーティングのまとめ役の仕事は2つです。アジェンダを定めて、会話を仕切ること。アジェンダについては後ほど説明しますが、まずは会話を仕切ることについて説明しましょう。ミーティングのまとめ役には、こんな問いかけをする責任があります。**「この会話の流れが価値を生まなくなったのはいつからですか?」**　なんとも繊細な仕事ですが、会話を仕切る人がいないと、スタッフミーティングは方向の定まらないガス抜きが盛り上がるだけになってしまいます。幸いなことに、これからご紹介するように、ミーティングのまとめ役には、意のままにできる原動力があります。それがアジェンダです。

ミーティングのまとめ役は通常、ミーティングを開催した人が行います。その人はチームの責任者であることが多く、ミーティングを効率的に運営するための背景を理解していることになっています。たいていは。

2つ目の役割は、議事録係です。この役割は目立ちませんし、最初数回の顔合わせでは必要ありませんが、長い目で見れば必須です。議事録係の仕事は、**ミーティングでのやりとりを記録する**ことです。一言一句を記録する必要はなく、議論の主要なテーマやポイントを残します。アクションアイテム、重要な考え方、そしてジョークなど。こうしたものをすべて、議事録係が記録します。

議事録係のためのガイドラインを2つ紹介します。まず、議事録係は、まとめ役が兼務してはいけません。まとめ役はミーティングを正しい方向に導くことで手一杯だからです。第二に、議事録係には編集したり整理したりする責任はありません。議事録係の仕事はすべてを記録することです。朝飯前だと思うかもしれませんが、議事録係が次にすべきは、このノートを会社全体に送ることです。

待ってください。本当に?

メンバーとミーティングは複雑な関係にあります。ミーティングに参加したメンバーは、ミーティングが期待外れなら腹を立てます。あるいは、自分が出席すべきだと思っているミーティングに招待されなくても、腹を立てるでしょう。さらに、参加者が7人以上になると人数に比例してミーティングの効率が落ちるという事実と考え合わせると、複雑な制約に縛られることになります。おすすめのシンプルなやり方は、すべてのミーティングに議事録係を参加させ、議事録を全社に配信するというものですが、これには賛否両論あります。

もしあなたが頻繁にミーティングに参加していて、ミーティングのメモが全社に共

有されることを想像すると鳥肌が立つというのであれば、「そのミーティングで一体どんな共有できないことを話しているのですか？」ということになります。もちろん、議事録係はサマリーを送信する前に、個人や会社の機密情報を削除します。機密情報を消すと聞いても気が休まらないのであれば、チームに伝えられないようなどんなことを話しているのか、やはり気になりますね。

　ミーティングは権力構造を生み出します。意図的にせよ、そうでないにせよ、これは権力の状態を表すのです。「あなたはそのミーティングに参加していますか？　参加していない？　私は参加しているので、私の方が上ですね」　先述したリストの中で、スタッフミーティングを行う健全な理由が見つかれば、3ヶ月は心配ないでしょう。2年目にもなると、その正当な理由が消えてしまい、以前は重要だったミーティングを習慣的に行うようになるので、用心が必要です。

　要するに「情報がないとき、人は最悪の思いつきでギャップを埋める」ということです。2年後、あなたがメモを共有していなければ、ミーティングに参加していない人は、ミーティング中に起きたことについて、間違いなく、作り話を面白おかしく話すでしょう。悪気があるわけではありません。何が起こっているのかわからないから、こうだろうと自分が思うことを話しているのです。

　メモを共有しましょう。毎回です。そうすると、共有する前に次のように問わざるを得なくなります。「私たちがここでやっていることには価値があるのか？」

13.3　3点のアジェンダ

　ここでは、最初のアジェンダを紹介します。

- 最小限の指標
- メンバーが提案する日替わりの議題
- 陰口・うわさ話・作り話

最小限の指標とは、このグループが定期的にレビューしなければならない指標のリストです。これはミーティング全体を方向づけるものであるため、冒頭でこのリストを扱いましょう。なぜこの時期にスタッフミーティングを始めたのか、その理由がわからないと、どのような指標を検討すべきかを提案することができません。

　このグループが担当する主な指標は何ですか？　収入？　アプリケーションの性能？　セキュリティ関連の事故？　致命的なバグの数？　数え上げればキリがありま

せんし、最初のミーティングでは、はっきり定義していなくても構いません。でも、1ヶ月経っても定義できないとなると、このグループを作った目的は何だったのだろうということになってしまいます。どんな問題を解決しようとしているのですか？ミーティングを集めたあなたの判断が間違っていたとは言いません。しかし、具体的に測定できるものがなければ、なぜそのグループは定期的にミーティングを開いているのでしょうか？

　話を聞いて、それについて疑問を抱けば、最初の指標が見つかるでしょう。「先週の売上高はX百万円でした。経常利益はY千円です。その前の週はそれぞれA百万円とB千円だったと？」　それは大きな変化です。何が起こったと思いますか？　この変化にまつわる質問や議論が、その後に続く会話の元になります。指標が「データの追跡しかあり得ない」という週もあるでしょう。しかし、3ヶ月経ってもその話しか出てこないのであれば、測定基準が間違っているか、このミーティングを行う正当な理由が今はなくなってしまっているかのどちらかです。

　メンバーが提案する日替わりの議題は、ミーティングの中心となります。このミーティングを始めたばかりの頃は、自分でアジェンダを作る必要があります。これは難しいことではありません。なぜなら、取り急ぎ集まるべき理由があるからです。1回か2回、あるいは3回くらいなら、その差し迫った理由を解決するためのアジェンダを設定できます。しかし、そのようなミーティングの最後にはこう伝えましょう。「これは私がみんなと共有した資料です。次はみんなの方から別のアジェンダを追加してください」

　しかし、追加してくれないでしょう。

　このミーティングで作り上げている人間関係やチーム意識は、作るのに時間がかかります。最初の数回のミーティングで、アジェンダを作り、議論を転がしていくためには、かなり手間をかけなければなりません。最初の3回のミーティングの間に、重要な展開が2つあると思われます。

- **意外と役立つ横道に逸れた会話**。最初の数回のミーティングでは、話をすることがたくさんあるでしょう。あなたはリーダーであり、何か問題を発見し、それを解決しようとしているからです。よくがんばりましたね。でも、すぐに話をするのをやめる必要があります。内向的なリーダーにとって、こうアドバイスされても何の問題も感じないでしょう。外向的なリーダーは、私の話を聞いてください。ミーティングはあなたのためではなく、メンバーのためなのです。部屋にいる全員が、自分の体験したこと、疑問、好奇心そして自分のやる

気の根源を俎上（そじょう）にあげ、それぞれが自分の考えを不安に感じることなく共有する必要があります。あなたが話すのを止めなければ、相手が話すことはないでしょう。

- **他のメンバーが自主的に提案してきたアジェンダ。** ここで言っているのは、あなたが依頼したものではなく、パッと出てきたものです。このようにランダムにアジェンダが追加されるのは、他のメンバーが、これが仕事を終わらせるための場だと理解し始めている証拠です。これも健全であることの兆候です。

スタッフミーティングは1時間。時間がたっぷりあるように感じますが、このミーティングがうまくいっている場合、気付いたときには終わっているでしょう。

これが日替わりアジェンダです。このミーティングが、安定して健全に運営されている場合、議題が多すぎて議論しきれないのです。

陰口・うわさ話・作り話が最後の常設アジェンダです。ミーティングの最後の5分から10分で、コミュニケーションの間違いを修正する時間を確保する必要があります。ご説明しましょう。

このミーティングを開いているのは、劇的な変化があったからです。チームメンバーが急に増えたり、会社の方向性が変わったり、大きな責任の所在が移ったり、あるいは組織変更があったりしたのでしょう。劇的な変化があったときのお定まりの対応は、関係者を集めて「何があった？」と聞くことです。これはいい気分です。関係者は変化について自分の気持ちを語り、説明します。情報が共有され、全員が納得して一致団結します。しかし、セラピーとしては良いかもしれませんが、このミーティングを必要とするきっかけとなった問題が解決されたわけではありません。ミーティングは病気の症状であって、ミーティングで治るわけではないのです。

指標による方向づけと日替わりのアジェンダにより、アクションが導き出せるはずです。また、不平不満を伝えて、話し合ったりする機会が生まれるはずです。さらに、治療の可能性がはるかに高いフォローアップの作業に繋がるでしょう。しかし、それでも「何があった？」と聞かなければなりません。

スタッフミーティングの最後のセクションは、参加者全員が気兼ねなく、何であれ問題を提起したり、好きに質問したり、廊下やSlackでの会話を確認したりするための時間です。おそらく、このミーティングの原因となった大きな変化はまだ組織内で消化されておらず、話の内容も納得できないものが多いのではないでしょうか。陰口・うわさ話・作り話は、そういう大切なことについて納得できないことをオープンにすることで、健全な対応を考え始められるようになります。

13.4　ミーティングは症状であって治療法ではない

　私が仕事上で最も嫌うことは、社内に腐敗した政治が生まれてしまうことです。大人数が一緒に仕事をすれば、政治は自然と生まれます。腐った政治には腹が立ちます。他人のアイデアを自分の手柄にしたり、情報をため込んだり、一番いいアイデアをそれと認めなかったり……。数え上げればキリがありませんが、私の職場でこのような政治を見つけたら、怒りがこみ上げてきます。そのため、私はキャリアのかなりの部分を費やして、こうしたことが起きてしまう根本的な原因を解明してきました。

　会社やチームに激震が走ると変化が起こりますが、高品質な仕事を素早くこなし続けようとする人は、変化を嫌います。変化は、生産性を妨げるのです。変化に対する反応は、不快感に応じて大きくなります。そして、その不快感は原因が解決されないままであるほど、指数関数的に強くなります。

　まずはミーティングをしよう、という対応が受け入れられるのは、ミーティングの中で重要な課題が扱われるからです。つまり、ミーティングのおかげで、変化に対する認識をチームで話し合う機会が生まれるのです。これはいい気持ちです。ミーティングが嫌われるのは、話していると気持ちはいいけれど、本当の意味で進捗しないからです。

　適切な理由でミーティングを招集し、意味のある指標を見つけ、チームで説得力のあるアジェンダを作り、全員に納得できないことについて議論する時間を与え、このミーティングで得られた洞察を全社で共有すれば、大切な問題をみんなで解決する機会をチームに与えたことになります。ミーティングの内容を共有することで、コミュニケーション上の間違いが減り、政治的な問題を回避することができ、思いがけない副次効果を生み出すことができます。

　問題を理解し、自分の意見を聞いてもらえて、解決の見通しが立てば、誰もただ座っているだけではなくなります。

14章
素敵なほめ言葉

Peggle の話をしましょう。これは PopCap 社が開発したカジュアルゲームです。2007 年に発売されたこのゲームで印象に残っているのは、ゲームクリアしたときに流れるエンディングです（https://youtu.be/wWMPDvUh2YI）。

あるレベルをクリアすると、虹、花火、ユニコーン、そしてベートーベンの「歓喜の歌」が炸裂する中、感動的な報酬が惜しみなく与えられます。友人が言うには、「一生の間で受け取れるポジティブなフィードバックの中で、これほど一貫して純粋なものはない」とのことです。

ゲーム業界は数十億ドルを投じて、Peggle をクリアした時のような快感を得られるゲームを設計・開発する方法を解明しました。特定の行動に報酬を与えることで、脳の一部に介入するのです。ゲーム開発者は、プレイヤーを楽しませるために、どのようなタイミングで報酬を与えれば良いのかをわかっています。製品や企業に目を向けると、中には報酬をうまく与えているところもありますが、何らかのふるまいをしてもらうことに関して、とことん下手くそなところもあります。いずれにしても、このルールには実績がありますし、脳の働きと深く関わっています。

そして、どのような製品、チーム、会社においても、それを良い目的に（または悪い目的に）使えないということは絶対にありません。

14.1　過度な満足感が得られる瞬間

私は長い間、ゲームについて考えてきましたが、良いゲームであるためには、ルールが3つあると思っています。

- 常に健全に成長しているという感覚がある。

- タイムリーで効果的なフィードバックを通じて、ゲームを学び、習得できる。
- 勝てると感じる。

　実を言うと、この章はたっぷり2年はかけて、何度も書き直しました。ゲームの世界は奥深く、書き切ろうとするたびに手が止まりました。しかし、何度も書き直すうちに、このルールは健全なチーム作りにも当てはまることに気づきました。特に注目すべきは、2つ目です。「私は、タイムリーで効果的なフィードバックを通じてゲームを学び、習得しています」

　恐ろしく簡素なルールです。もう少し気の利いた言葉で自分の知恵を飾りたいところです。もっと具体的な表現はどうでしょう。例えば「ほめ言葉には効果がある」ではどうでしょう。

14.2　それはそう

　他の2つのルールと、それが優れたリーダーシップと健全なチームにどのように関係するかについては、また別の機会に書きたいと思います。この章では、「ほめ言葉の力」についてご紹介します。ほめ言葉とは、**無欲で、うまく表現された、タイムリーな成果の承認**のことです。ほめ言葉の価値を理解するために、まずは、あのPeggleのビデオに戻ってみましょう。もう一度再生してみてください。

　視覚的にも聴覚的にも、おなじみの映像や音が、楽しませてくれるようにデザインされています。

　モチベーションについて話をしましょう。これまで私たちは、進捗の助けになるよう、様々なコミュニケーションツールや独自のツールを設計してきました。いつまでに終わらせるべきかを示すはっきりした締め切り。チームの現状と、目的までみんなで行くための道のりを示すガントチャート。私は自己主張が強いので、指示されるのが好きな人は私のコミュニケーションスタイルを評価してくれるでしょう。こうした仕組みや、記事、コミュニケーションのやり方、脅しはすべて動機付けになりますが、ゲームメーカーが学んだ通り、ほめ言葉はエレガントな動機付けになります。ちょっとやってみましょう。

　　この本を読んでくださってありがとうございます。これらの記事を書くのに何時間も費やしました。記事について悩んだり、いいと思ったり、そして嫌いになったり。最終的には「読者の方々がどう思うかな」と思いながら世に送り出しまし

た。まだ読み続けてくださっているなら、本書を気に入ってくれたかどうかはわかりませんが、5分弱という自分の時間を費やして私が書いたものを読んでくれたことがわかっています。興味を持ってくださったということでしょう。そのことについて感謝します。読者の皆さん一人一人に感謝しています。

伝わるでしょうか？　間違いなく伝わるでしょう。本気だからです。

Peggleでは、簡単なタスクを実行すると報酬が得られます。甘ったるく大げさなものではありますが、Peggleにほめ言葉があることは間違いありません。Peggleの開発者は、プレイヤーというものは、馬鹿げたくらい派手な演出で自分の成果を祝ってほしいのだと考えており、それが功を奏しています。

しかし、Peggleのほめ言葉は、私の定義とは異なります。うまく表現されたタイムリーなものではありますが、まったく無欲ではないからです。確かに楽しいですが、楽しく感じるように計算されたもので、それは、ゲームを続けてもらうためなのです。絶妙なタイミングでエンドルフィンを放出させ、脳になんとかクリアするように仕向けているのです。だって……あのヘッドバンキングをしているユニコーン（https://oreil.ly/oWIQH）は**最高**ですもんね。

では、効果的なほめ言葉について分析してみましょう。

14.3　ほめ言葉の分析

改めて、私の考えるほめ言葉の定義を示しておきましょう。「無欲で、うまく表現された、タイムリーな成果の承認」です。それを分解してみましょう。

まず、ほめるうえでなくてはならないのが、**成果**です。ある人が何かすごいことをして、その事実を認めてあげたいのです。功績の大きさも大切ですが、ほめ言葉には大小に関わらず同じ重みがあります。チームやメンバーが最高の結果を出したときにそこに光を当てたいのです。人としての意味のある行為を認めたいということです。

承認していると伝えたいのですが、そのためにはどうすればいいのでしょうか？そのほめ言葉は、成し遂げた時に1on1で伝えたいものなのか、それともチーム全員の前で伝えて最大限の評価を得られるように隠しておきたいものなのか。どちらでしょう。考慮すべき背景があまりに多いので、誰にでも当てはまるアドバイスをすることは容易ではありません。ほめ言葉を伝えて欲しがっている？　あるいは、他の人はほめられているところを聞きたがっている？　どのふるまいを認めたいのか、それはなぜなのかを理解し、相手を呼び出しましょう。

　タイムリーであることは、最も理解しやすい性質です。私は、できる限り早くほめるのが良いと考えています。そうすることが行動を推奨するのに最も効果的だと考えているからです。それが私たちのやるべきことですよね。簡潔に言えば、「あなたのやっていることは重要です」ということです。ほめるまでの時間が短ければ短いほど、やっていることが相手の記憶に残ります。ほめ言葉そのものではなく、ほめられるきっかけとなったふるまいが記憶に残るのです。

　うまい表現は、最も定義が難しく、最も重要な性質です。まずは、ひどいほめ言葉のように見えるところから始めましょう。ありきたりな「よくやった！」はF評価。そうでしょうか？　そんなことはありません。タイミングをとらえた「よくやった！」という言葉には、効果的でタイムリーに達成したことを認める効果があります。さらに、こんなのはどうでしょう？

> Q&Aのための技術ドキュメントを作るのに時間を割いてくれてありがとう。あなたが作った機能は素晴らしいし、テスト方法だけでなく、サポート方法についても理解が深まりました。

　このほめ言葉は、やったことや価値、その影響を具体的に示しています。そうやって細かく描写することが、最も印象に残ります。

　ほめ言葉の中で最も繊細さが求められるのは、**無欲であること**です。これも状況によりますが、よいほめ言葉とは、社会的コストや依存関係を意識せずに出てくるものです。「犬小屋のバラ」という言葉をご存知でしょうか？　自分が失敗したときに、大切な人のために買う花のことです。確かにきれいなバラですが、受け取った人はそのバラを見て、あなたの失敗を思い出します。それは、考えのない軽率で空虚な贈り物です。よいほめ言葉は、あなたやあなたが望みについて一切触れることなく、混じり気なく他の人の成果に向けられています。

14.4　ほめ言葉によるキャリアの転向

　あなたのキャリアを決定づけたのはどんな瞬間でした？　賭けてもいいですが、ひどかった出来事を列挙することはできるでしょう。心に受けた傷は長く続くからです。考え続けてください。おそらく、自分のキャリアを変えたほめ言葉をいくつか思い浮かべることができるのではないでしょうか。

　最初のスタートアップでは、無愛想で無口なエンジニアリング担当のシニアVPが、

私と一緒にチームの報酬を調整していました。私たちは、無言で効率的にスプレッドシートを使い、メモを見比べていました。スプレッドシートを見ている途中に、私を見上げて、いきなりその日一番の長いセリフを言いました。「ロップさん、人を理解することにかけてあなたは天才です。忘れないで」

　練り上げられたほめ言葉は、感情が込められており、飾り言葉にあふれています。この奇妙で予測不可能なおまけがあるからこそ、私たちは細心の注意を払ってほめ言葉を使うのです。しかし、無欲で善意の元に使われれば、ほめ言葉は、最高の成果を出した人に報いるための上品で持続的な方法です。

15章
手厳しいことを言う

　私がリーダーに欠かせないスキルとして挙げているものの中で、「手厳しいことを言う」能力は、「我慢の限界まで任せる」能力の次に大切なものです。私がこれまでに経験した人災の大半は、「言いにくいことを言わない」ことにしたのが原因です。

　新入社員ということもあって、よくないふるまいについてフィードバックせず、「新人だし、慣れるまで待とう」と自分に言い聞かせてしまったのです。1ヶ月後、（私が何も言わなかったので）ふるまいに歯止めはきかなくなっていきましたが、それでもフィードバックをしませんでした。さらに1ヶ月後に正式なフィードバックの機会があるから、その時に言えばいい、と。

　言いにくくなるのは、言われた側の気持ちがわかるからです。受け手に共感して、文字通り、反応を感じるのです。あなたが共感できるリーダーであることは素晴らしいことです。しかし、あなたが最も大切にすべき仕事は、チームの成長を助けることです。ほめたり、認めたりすることは、優れた仕事に脚光を浴びせる方法の一つではありますが、手厳しいことを言えば、いつでも相手の注意を引けます。

15.1　頭の中の声

　あなたの頭の中で、ずっと声が響いています。本を読むときに、単語一つ一つを読み上げているのです。その声はあなたが思うランズの声ですが、私の声とは違います。ランズの声がこうだったらいいな、とあなたが思う声であって、完全にあなたの創作です。

　「こんにちは。あなたはすごいですね」

　この声は、あなたの思い通りに作用します。あなたが経験したことをすべて、あなたにとってわかりやすい構成に置き換え、時には、希望や夢に合わせて歪めるので

す。この声は楽観的です。声についての**研究は多くあり**（https://oreil.ly/Oo3bK）、誰にでも起きることだとわかっています。その声が語る物語の中では、みんな自分が主人公です。声が語るのは、あなた目線の世界観です。あなたの経験をすべて集め、情報に変えて判断し、自分の知恵を増やしていくのです。

　この声は、間違っていることもありますし、単なる誤解であることもあります。自分が失敗した時には特にそうです。

　失敗すると決まりが悪く、恥ずかしいものです。もしかすると、怒っているのかもしれません。でも、最初の感情のたかぶりが過ぎ去れば、自分を守るような言い訳を始めます。**自分が今知っている背景**に照らして、失敗について、受け入れられるような説明を見つけるのです。何を学んだか？　これからどう進めるのか？　この失敗について、他の人にどう伝えるか？　すべては、失敗をどう処理するかで決まります。

　お気づきでしょうか？　自分のことしか見ていないと、大事なデータが欠落してしまうのです。あなたの頭の中で行われる対話には、あなたの学習を妨げようとする邪悪な計画があるわけではありません。ただ、不完全で偏ったデータを元にしているだけです。あなたの言動を見ている周りの人々は、あなたの成功と失敗から大切なことを学び取るために必要な背景についてあなたよりもわかっており、あなたよりも多くを経験しています。

　さて、この話は手厳しいことを言うことと、どう関係があるのでしょうか？　手厳しいことを言いたくないと思うと、問題が悪化します。頭の中で同じ声がして、「私だったら聞きたくないから言わないでおこう」となります。さらに悪いことに、マネージャーと従業員の関係では、古くからの評価制度のせいでいっそう言いにくくなるのです。内なる声が警告してきます。「あの人たちが評価をするんだぞ。給料を決めるのもあの人たちだ。言うのはやめておけ。怒らせてしまう」

　これを解決しましょう。やり方は2つあります。「手厳しいことを言えるようになること」、そして「手厳しいことを積極的に聞くこと」。

15.2　手厳しいことを言う

　フィードバックを練習するには、新入社員から始めるのが良いでしょう。1〜2ヶ月が経ち、仕事をするうえで「相手を知る」段階を過ぎたころ、私はフィードバックを始めます。最初は重くならないようにします（「この打ち合わせで、あなたはこんなことを言っていました。本当は何が言いたかったのですか？」）。そして1on1の最後には、毎回同じ質問をします。「何か私に伝えたいことはありますか？」

　しかし、返事は返ってきません。それでいいのです。数ヶ月かかることもあります。以前のCEOの場合、私のフィードバックの求めに応じてくれるようになるまで、1年かかりました。フィードバックには信頼関係が必要ですが、他人を信頼するには時間がかかります。それでも構いません。時間をかけましょう。辛抱強く待てるのは、目的がわかっているからです。大切なのは、働くうえでの人間関係が健全であることです。

　1on1の際に、私はフィードバックを続けています（「チームに向けたプレゼンで、あなたはこんな行動をとっていましたね。伝えたかったのはそういうことでしたか？」）。

　そして、先述したとおり、こう尋ねます。「何か私に伝えたいことはありますか？」　最初に質問してから数週間たったころ、結局私が質問をやめないことにメンバーが気づきます。そして、ちょっとしたフィードバックをくれます。そして、私がどう反応するかを見ているのです。

　「全員参加のミーティングの準備をしていませんでしたよね？」

　確かにしていませんでした。

15.3　手厳しいことを聞き出す

　批判的なフィードバックを初めて受けたとき、関係者全員にとって試練となります。フィードバックする側にとってもリスクがあります。あなたは上司であり、以前の上司がフィードバックを受けたときにキレたのを見てきたからです。でも今、善意により、フィードバックという贈り物をくれました。役立つことを期待して[†1]。

　フィードバックには3種類あります。

- **大したことないフィードバック**は大したことありません。それを聞いて、受け入れて、自分の優先順位を見直して、少しだけ変わった物の見方にしたがって動く。あなたが人生をかけるに値する目標は、誰がどんなフィードバックをしてきても大したことないものとして受け入れることです。簡単ではありません。
- **じわじわきいてくるフィードバック**は、最初は大したことないと感じます。ただ、仕事帰りの車の中で、思わぬ深みがあることに気づくのです。わかりやす

---

†1　常にそうです。誤った情報やまったくの勘違いであっても、役に立ちます。

いと思った言葉の中に、批判的なフィードバックがあって、時間と共にそれが手厳しいものだと気づくのです。

● **単純に手厳しいフィードバックは違います。**多くの場合、手厳しいフィードバックが来る気配は感じ取れます。会話のトーンが急に変わったとか、普段はしないようなそのとき限りの打ち合わせとか、あるいは、単に奇妙な表情をしていることに気がついたとか、そんなふうに。気配が何であれ、私の脳は難しい瞬間が来ることを素早く予知し、厳戒態勢に入ります。**私は頭の中で、文字通り、素手で殴り合う準備をしています。**

手厳しいフィードバック、つまり批判的なフィードバックは、真実を抽出したものです[2]。「調子はどうだい？」「よくやった」といった言葉を空虚に投げかけ、ハイタッチするような日々の中で、手厳しいフィードバックは、あなたの能力について教えてくれる数少ない情報源なのです。

手厳しいフィードバックの場合は、何も見落とさないようにするためにあと2段階のプロセスがあります。

ステップ1：どんなに批判的なフィードバックであっても、耳を傾け、ほんの少しでも理解の糸口を探す。

ほんのわずかでも？　よくぞ聞いてくれました。

覚えておいてください。脳が危険信号を出しています。本能的に回答し、反応して、戦いから身を守るために何かをしたいと思うでしょう。しかし、この時点では、実際にはどう反応していいかわかりません。まだフィードバックの中身をきちんと受け止めていないので、ほとんどの反応は感情的なものにすぎず、意味がありません。一言一言に耳を傾け、中立的に解釈するよう努めなければなりません。手厳しいフィードバックを面と向かって言われても、です。

「私が準備を怠っただって？　（怒鳴り声で）私があのチームにどれだけの時間を費やしたか知っているのか？　緊張して2晩も眠れなかったんだぞ、それに……」

怒鳴り声をあげるのは、あなたの脳が自分の現実を守ろうとしているからですが、怒鳴り声のせいで何も聞こえなくなってしまいます。自分を鍛えるのに何年もかかり

---

[2] そう、時にはまったくの作り話の場合もありますが、その人が作り話をすることにしたこと自体が興味深いことなのです。

ましたが、今では手厳しいフィードバックが口火を切られた瞬間に、決まった姿勢を取ることにしています。足を組み、手を組み、頭を少しだけ傾けるのです。これが私の「聴いてますよ」というポーズです。そうすれば、傾聴することを思い出せます。

　何のために聞くのか？　シンプルな洞察のため。あるいは、現実を把握するため。ここで一つの例を紹介します。「なぜ彼らは今、私にこのフィードバックをすることにしたのか？」　この時のコツは、叫び出したいと思う気持ちを抑え、理性を働かせて、問題を解決しようと考えることです。感情的になっている時の判断力はとてつもなく低いからです。

　時には、フィードバックがあまりにも衝撃的で、理解できないこともあります。そこで、第二のステップです。

　　　ステップ2：聞いたことを繰り返しましょう。

　このシンプルなアドバイスがいかに使えるか、衝撃を受けるでしょう。ステップ1の「純粋な傾聴の禅」をやったとしても、その話を自分なりに解釈しているのです。そして、そのフィードバックにショックを受けた場合、自分の解釈は多かれ少なかれ間違ったものになります。だから、聞いたことを繰り返してください。そうすれば、フィードバックを明確に認識できます。

　　　私「何を言っているのかはっきりさせておきたいのですが、あなたが言っているのは、私のプレゼンがよくなかったということですか？」
　　　相手「いいえ、そうは言っていません。あなたが話すのを見るのは楽しいですが、あなたは準備していませんでした。話の趣旨が一貫していなかったので、理屈が曖昧なことを話し方でカバーしていると感じたのだと思います」
　　　私「なるほど」

15.4　人生の目標

　もう一度繰り返しますが、あなたの人生をかけるに値する目標は、誰がどんなフィードバックをしてきても大したことないものとして受け入れることです。あなたとあなたのチームが最初からそうできるわけではありません。だから、努力しなければならないのです。最初はちょっとしたことで様子を見るところから、徐々に有益なフィードバックへと変わっていきます。あなたがフィードバックに耳を傾け、行動に

移す人間だということを、みんなに理解してもらいましょう[†3]。フィードバックが共有され、行動に移されていることをみんなが確認すると、もっと大きく、複雑で、より手厳しいフィードバックを共有できるようになります。なぜでしょう？　信頼関係ができるからです。

　フィードバックは、とても価値のある人間同士の取引です。あなたの一面をじっくりと観察してくれた人がいるということです。他にもやるべきことがあるのに、今日はあなたに時間を使っているのです。あなたは自分のことを理解しているつもりでも、そうではないのです。今度は、あなたが時間をかけてフィードバックをきちんと聞き取り、質問をして中身をはっきりさせ、できることなら仕事のやり方を見直しましょう。

　フィードバックを与え、受け取るという行為はあらゆる面で、人間関係における信頼関係を構築する機会となります。

[†3]　このプラクティスで最も難しい点を省略しました。それは、フィードバックを処理し、適切なタイミングで行動することです。**7章**と **28章**では、どこから手をつければ良いか、アイデアを紹介しています。

16章
どんなものだって破綻する

これから、本当に単純で、本当に馬鹿げたゲームをしましょう。設定とルールを説明します。

- 「ひとりチーム」を2つ選びます。
- 平らな場所に、長さ90cmの白線を150cm離して2本平行に引きます。
- それぞれのチームは自陣となるラインを選びます。もう一つのラインは、相手チームの陣地を示しています。
- チームは、相手チームと向き合いながら、自陣のラインを一切越えないところからスタートします。

このゲームの目的は、ポイントを獲得することです。プレイヤーの全身が自陣のラインを越え、次に相手陣地のラインを越え、最後に再び自陣のラインを越えれば1ポイントです。そして、先に20ポイントを獲得したチームの勝ちです。

言った通り、単純で馬鹿げています。

質問がありますよね。「他のプレイヤーの邪魔をしても良いかどうか。誰が審判になって、ポイントを数えるのか。勝つとどうなる？」 良い質問ですが、ここで書いたルールがあれば、最低限のゲームが成立していると言えるでしょう。一手間かければ、ゲームを始められます。不恰好に必死で前後に走り回ることになりますが、ゲームはできます。

16.1 三度目の正直

私は急成長中のスタートアップで働いています。これで3社目。企業の成長におけ

るこの段階が私は苦手です。熱意、野心、そして山ほどある白紙の状態。定義されていることはほとんどありません。書き留められているものはさらに少なく、みんな気合が入っています。「このことについて、これから一緒に考えていきましょう」

この10年間で、私は何百もの記事（https://oreil.ly/LIPSh）を書いてきました。その中には、特定の企業の観察に基づいたものもあれば、文化や製品、事業内容がまったく異なる企業でも見られる奇妙なパターンについて書いたものもあります。そのようなパターンの一つが「3と10の法則」（https://oreil.ly/drFz6）です。Evernoteの元CEOがこう言っていました。

> 1人が3人になると、また違ってきます。1人のときは自分のやっていることがわかっていても、3人になるとあらゆることのやり方を考え直さなければなりません。しかし、10人になるとまたガラッと変わります。そして、30人になったら、また変わります。100人に増えても同じようにまた変わります。
>
> そうやって、人が増えていく過程で、すべてが破綻していきます。あらゆることがです。コミュニケーションの仕組みや、給与計算、会計、カスタマーサポートなど。だから、3人から10人になる時に、導入したものをすべて変える必要があります。

私の経験から自信を持って言えるのは、人が増えるにしたがって物事がバラバラになっていくということです。悲しいほど確実です。でも、どうやって？　そして、なぜ？

16.2　ゲームスタート

思考実験をしましょう。先ほどのゲームに18人を加えます。両チームに9人ずつ、1チーム合計10人です。ここがポイントですが、誰にも事前にルールを教えてはいけません。チームメンバーが到着したら、新たにキャプテンに任命されたあなたが、ルールを説明し、全員が理解したか確認し、ゲームがフェアに行われるようにするのです。ただし、ゲームが始まる前にルールを説明する時間は、きっかり2分です。

いいですか？　よーい、スタート。

実際にゲームをプレイしなくても、このくだらないゲームを10人対10人でやったら、ひどいことになるのはわかるでしょう。最初に説明した白いラインは、チームメンバーが10人になると、思わぬことに、ラインの後ろに列ができてしまいます。最初

のルールでは、大人数でスタートするには、まったく不完全です。ひとりチームなら
ちょっと気になる程度の妨害行為も、20人となると一苦労です。それが終わると、両
チームは、丸2分かけてルールを説明した自分たちのキャプテンを見ています。チー
ムメンバーは「なぜこんな馬鹿げたゲームをするだろう？」と疑問に思っていること
でしょう。

　1対1なら、足が速い方が勝ちます。前後に走って、ラインを越える。もしかした
ら……。もしかしたら、プレイヤーの誰かが、ルールで妨害について触れられておら
ず、やってもいいことに気づくかもしれません（実際に、妨害しても良いのです。ま
た、審判もいません。やった！）。そして、すれ違いざまに相手プレイヤーの動きを
鈍らせようとします。おそらく、ただひたすらに走り回って、足が速い方が勝つこと
になるのでしょう。

　10対10になると、ひどいことになります。どんなに優秀なコーチでも、そしてルー
ルがどんなに単純でも、2分間で9人の人間に伝えるのは難しいでしょう。ルールが
十分理解できないまま、ゲームはスタートします。最初は、プレイヤーが1人ずつ走
りますが、誰かがフィールド上のプレイヤーの数を規定するルールがないことに気づ
き、片側からプレイヤーが殺到します。そして、相手チームもそれを見て、同じよう
にします。

　今や、メンバーはクリエイティブになっています。負けているチームは、相手チーム
が90cmのラインを越えられないようにすればいいですよね（認められています）。
もっとたくさんポイントを獲得するために、同じプレイヤーが何度も往復するのはど
うでしょうか？（それも認められています）　このゲームは1対1ではちっとも面白
くありませんでしたが、人数が増えるとまったくのカオスになります。ルールの定義
も不十分で、十分に伝える時間も取らず、さらに**10対10での予行演習さえ行ってい
ない**せいで、大混乱になるのです。

　ところで、このゲームは馬鹿馬鹿しいほど単純ですが、あなたの会社のルールはど
うでしょう？　確かに、誰も「ルール」とは呼びませんが、企業文化の中には複雑で
魅力的な運営の原理が潜んでいます。いくつかは言葉にされていますが、多くはそう
ではありません。言葉になっていないものは、みんなで見つけ出さなければなりませ
ん。そして、来週の月曜日からは、10人があなたの会社に入社します。人が増えて、
最初に破綻するのは何でしょう？

16.3　悲しいほど確実

このゲームから、学びとれる原則は3つあります。

1. ゲームのルールをはっきりと説明することで得られるものは大きい。
2. 人が増えることを見越して、ルールを予想外の形で進化させる必要がある。
3. 何が破綻するのかを効率的に学びたければ、プレイを続けて学び続けるしかない。

次の原則は、成長過程にある会社に向けた私からのアドバイスです。

1. ルールをはっきりと説明すること。
2. 予想だにしない形でルールが進化することを覚悟すること。
3. 実行し、学んで、繰り返すこと。

ルールをはっきりと説明する

新入社員研修の目的は、新しく入ったメンバーをできるだけ早く立ち上げ、生産性を高めることです。私が過去に起業した3社は、いずれも新入社員研修に投資してきましたが、その中でも一番最近起業した会社の研修が、最も考え抜かれたものでした。どのスタートアップも、投資を5倍にすべきだったのです。

新入社員研修への投資で課題となるのは、自社の人間に対するたいていの投資と同様に、投資に対する効果が、説得力があり測定可能であることを証明することです。新入社員研修に投資すべきであることは誰もが認めるところですが、最優先すべきは、製品を作って売ることではないでしょうか。

確かに、以前はそうでした。今はそうではありません。仲間と2人、ガレージで仕事をしていた頃は、製品がなければビジネスにならないため、新入社員研修を気にする人は誰もいませんでした。しかし、社員は今やたくさんいて、作っている製品でビジネスが回っています。

新入社員研修には3つのセクションがあります。そう、誰もが福利厚生や給料の支払い時期に関する疑問も持っていますが、それに答えるのは簡単です。あなたが記述しなければならない実質的なトピックは、次の通りです。

ビジョン

　私たちはどんな高い山に登ろうとしているのか？　なぜそれをするのか？　そして、山に登り切ると何が起こるのか？

価値観

　この旅で、自分自身や他の人にどのように接したいのか？　なぜこの価値観を選んだのか？　この価値観は私たちに何を教えてくれるのか。実際に行動に移すとどうなるのか？

プラクティス

　この旅で物事を成し遂げるために、どんな行動をすれば良いのか？　どうやって一緒に作っていくか？[†1]

　各項目の内容は、ビジネスによっても、社員数によっても千差万別です。内容を書き出していなくても、80％くらいは会話の中であいまいに定義されていることもあります。おそらく、入社したての新入社員は、この作業が100％完成していて、100％利用できることを前提にしているでしょう。なぜなら、新入社員はゲームのルールをできるだけ早く知りたいからです。

予想だにしない形でルールを進化させる

　スタートアップ企業では、「早めに失敗させよう」は適切なアドバイスではありません。これは会社のあり方であり、特徴でもあります。失敗を競争力につなげられるかどうかは、あなた次第です。

　失敗は学習するチャンスです。失敗による火をできるだけ早く消すことはもちろんですが、火が消えた瞬間に、なぜ失敗したのかを、体系的、効率的で慣れた方法で解明し、二度と起こらないように予防する必要があります。

　私がAppleの次に勤めたスタートアップ企業は、特にこの点で優れていました。私たちは、いつでも「なぜなぜ分析」（https://oreil.ly/EZjWZ）のようなプロセスを使っていました。製品で大きな失敗があったときだけでなく、ビジネスのあらゆる部分で大きな失敗があったときにです。なぜ、この重要な人材を雇わなかったのか？　調査しましょう。なぜ新入社員に条件提示が届かないのか？　調べましょう。私たち

[†1]　新入社員研修では、できる限り長い時間、自分の手で会社を作っている人間が定期的にスピーカーとして登場する必要があります。

は時間をかけて、不具合を深く理解し、根本的な原因を突き止めて、適切に修正できるようにしました。

　失敗を元に、どの部分を大きく見直すかを見極めることは、将来の失敗を防ぐうえで、最も効果があるやり方の一つです。しかし、最後までやり遂げなければなりません。

実行し、学んで、繰り返すこと

　ここからが本番です。あなたの会社ではすでに新入社員研修を行っているでしょう。うちの会社で事後分析について声高に説いている人の名前を知っている人は多いでしょう。問題が起きたとき、インターネットを検索して答えを求めた人がいました。彼らは数年前にこのような記事を読み、新入社員研修や事後分析に関する説得力のある議論を見つけ、責任者を割り当て、次の問題解決に向かいました。質問ですが、問題は解決したのでしょうか?

　最後に最も難しい3つ目のアドバイスです。何かが破綻したら、**その失敗から学ばなければなりません**。

　以前のスタートアップでは、自分たちの事後分析プロセスにかなりの手ごたえを感じていました。そのプロセスはエンジニアリングに特化したものでした(全社的なものではありませんでした)が、事後分析を効率的に行うためのトレーニングを行い、大量のメモを取り、次の行動をバグトラッキングシステムに忠実に記録しました。

　特にひどい問題があった後には、事後分析の報告書を読み、どこかで見たことがあると思ったのです。バグデータベースを調べてみると、以前の障害で発見されたのと同じバグが発生していました。致命的なバグが記録されただけで、修正されていなかったのです。心配になった私は、調べてみました。「事後調査で判明した問題のうち、修正済みとして解決したものはどれくらいあるか?」

　結果は14%でした。

　修正することに躍起になるあまり、完了させることを忘れてしまったのです。

　大失敗は、やってしまったときに注目を集めるものです。大失敗した後に変革を起こすのは比較的簡単です。なぜなら、誰もがまばたきもせず空を見上げ、もう一度落ちて来ないか備えているからです。大きな失敗から学ぶことは難しいことではありません。すべての失敗から規律正しく学ぶためには、思慮深い作業が必要です。

　急成長する企業にとって、失敗から学ぶという健全な文化を築くことが、何よりの予防策になると思います。つまり、修正すべき重要な点を見定めるだけでなく、それに基づいて行動するということ、つまり、修正を完全に完了させることです。製品の

バグの話をしていると思うかもしれませんが、会社の致命的なバグの話でもあるのです。

16.4　差別化要因としての失敗（あるいは、馬鹿げたゲームを2度やるなという教訓）

　スケールの大きい失敗がどのようなタイプで、どのようなタイミング、どの程度の深刻さで発生するかは、会社、チーム、そして文化によってまちまちです。まず間違いなく、チームの規模が一定数になると、これらの失敗が集中します。失敗が急増するのを見て警戒し、お互いに心配し始め、恐怖のフィードバックループが生まれます。こうしたことは何があっても起こることです。成長するビジネスにはつきもののコストなのです。

　その恐怖はどこからくるのでしょう？　失敗の内容にもよりますが、次のような要素が重なったものでしょう。

- リーダーは把握していたか？（いいえ）
- そうだとしたら、なぜ未然に防げなかったのか？（予想外であり、防ぐことはできなかった）
- こうなることは分かっていたので、手を挙げたのだが、誰も何もしてくれなかった。（耳を傾けるべきだった、申し訳ない）
- また、同じようなことが起こるのか？（僕に言わせれば、同じことは起きない）
- 誰が困っているのか？（誰もいない）

　夜中にふと思い出す心配事の中でもよくあるのが、破綻する前にそうなりそうなものを予測しようとして無駄なカロリーを消費することです。あらゆるものは破綻します。失敗の原因は、善意でオフィス内を動き回る人が増えることでエントロピーが増大し、色々なものを破綻させることになります。

　一度、破綻してしまったら、落ち着いて効率的に、学びに取り掛からなければなりません。本当は何が破綻したのか？　最適な修正とは？　その修正を主導する責任者は？　恐怖心を完全に取り除くことはできませんが、学習し、その学習結果に基づいて行動するという文化があれば、あなたが失敗を真剣に受け止め、そこからしっかり学ぼうとしていることをみんなに示すことになります。

　いいですか？　よーい、スタート。

17章
組織図テスト

この10年間で私と1on1のミーティングをしたことがある人は、予定していたアジェンダが終わったあとで、私が立ち上がってホワイトボードに向かい、組織図を描き始めることが多いのを知っていると思います。

組織図は、いつでも見られるところに置き、きちんとメンテナンスしておかなければならないドキュメントだと考えています。なぜでしょう？　まず、定義から始めましょう。私の最初の著書『Managing Humans』（Manning, 2016）の中でも気に入っている「用語集」では、組織図を次のように定義しています。

> 誰が誰に報告することになっているかを視覚的に表したもの。組織図は、大規模な組織の中で、話をする相手を把握するのに便利です。

これは優れた用途ですが、一つ忘れていることがあります。組織図では、製品がどのように組織されているか、誰が何を担当しているかを効率的にうまく記載する必要があります。何よりも、組織図は読みやすくなければなりません。

17.1　読みやすいか確認する

同僚（誰でも構いません）を捕まえて、ホワイトボードのある会議室に行き、マーカーを持って、走り書きを始めましょう。組織図を描くのです。

ランズ、どうやって描けばいい？　箱と矢印？　アーキテクチャ？　人の構造？　技術的な構造？　どの箱をどこに書けばいい？　指導が必要です。

　この演習での唯一のアドバイスは、人の名前を出さないことです[†1]。まずは、最も一般的な組織図だと思うものを描いてください。

　できましたか？　いいでしょう。ここでは、組織図で表現すべき内容を表す複雑な質問を順にしていきます。

　まず、**何か役に立つ絵を描けましたか？**　一見、簡単な作業のように見えますよね。私は候補者との面接を常に行っているので、絵は描けますが、あなたはどうでしょうか。どれだけ早くステップアップして、いくつか箱を描き、そこに名前を付けられるでしょうか。うまく描けましたか？

　次に、自分自身に問いかけてみましょう。**絵を描いている途中で、自分のことを説明するために手を止めましたか？**　描き方について言い訳をしている部分はありませんか？　箱を描いているときに、「ああ、これは変だけど……」とか「この箱はこういう意味だと思っているだろうけど、これはこういう意味なんだよ」と言い訳するために、手を止める必要はありましたか？　私のように、この絵を何度も描いてきたのであれば、自分がこのような言い訳をしていることに気づかないでしょう。**いつものことだからです。**

　100人以下の小さなチームであれば、組織図はそれほど重要ではありません。チームの状態を頭の中で把握できるからです。自由にコミュニケーションがとれるから、何も描く必要がないのです。組織に大きくなると払わなければならなくなるコミュニケーション税はまだ発生していません。誰が何を担当しているかわかっています。どの技術の責任者が誰なのかわかっているのです。そうでなければなりません。小さな会社で、物事の責任者はどんどん変わります……スタートアップだからです。カオスこそがスタートアップの特徴です。

　しかし、ある時、チームの誰かが面談をしている時に、チームを絵に描き表さなければならないことに気づきます。雑ですし、時間もかけていません。それが、一番最初の組織図です。詳しくは後述しますが、まずはテストの話に戻ります。

　最後の質問です。**もし、ホワイトボードに描いた組織図を消さずにおいて**[†2]**、会議室を通りかかったチームの古株の誰かがそれを見たら、「うん、だいたい合ってるね」とうなずいてくれるでしょうか？**　コミュニケーションにかかる税金は、チームの規模に応じて増えていきます。組織図のようなドキュメントに対する理解と合意が必要なのは、組織の重要な側面を明確にするためです。誰もが決定的な真実を理解するの

---

†1　組織図に固有名詞が出てくると、別物になってしまいます。同じように重要なドキュメントですが、組織図に名前が載ると、組織よりも社内政治を表現するようになります。

†2　実際には、やめておきましょう。それを見たメンバーを不用意に警戒させてしまいます。

です。

　この最後の質問には、客観的に答えることができません。主観的に答える必要があるのです。私の組織図は読みやすいですか？　読みやすくなっていますか？　一般的な従業員は、誰かの助けを借りずに、あなたの組織図を読み、次の質問に答えることができますか？

- チームの構成要素は何だろう？
- 各チームの名前を見れば、誰がチーム内の何を担当しているかわかる？
- 組織図がどのように描かれているかを見れば、製品がどのように作られ、ビジネスがどのように行われているか、よくわかる？

　経営者タイプの人は、このドキュメントを当たり前のように使っています。それが仕事だからです。私たちの一日は、組織図を横断する旅行のようなものです。組織図は、チームメンバーと技術に関して、私たちが頭の中に持っている地図です。つまり、私たちは組織図を理解しているし、当然のことと考えています。組織に属する人のほとんどは、組織図を理解していなくても日々を過ごせます。しかしあなたは、必要に応じて、一目でわかるようにしておかなければなりません。

17.2　規模に応じて基礎が拡大する

　あなたのチームは、当たり前のことを考えるのに、どれだけ時間を費やしていますか？　マネージャーにとっては答えにくい質問です。答えるために色々な情報を見なければならないからです。当たり前のことが毎日のように思い出されます。

　しかし、チームメンバーが増えるとコミュニケーション税を払わなければならなくなることからわかる通り、基本的な情報も構造の助けがなければ拡大できないのです。組織図、会社の価値観、現在のビジネスゴールといった重要な情報は、わかりやすい場所において、きちんとメンテナンスしなければなりません。誰かが疑問を持ったときに、このドキュメントに立ち返ることが習慣になるようにしてください。これらのドキュメントには大切な真理が書かれているからです。

　急成長中のスタートアップの話に戻りましょう。オフィスのどこかで誰かが「マネージャーが必要だ」と考え、その十数秒後には手近な紙に人ベースの組織図を描く、という大切な転換点があります。「ジュールズなら、この人たちと一緒に仕事ができる。ケイトなら、メンバーを管理できる。いいでしょう。ふう。次に行こう」

　これではあべこべです。ジュールズとケイトは愛すべき人であり、マネージャーとしての能力を完全に備えていますが、人間を中心に組織図を描くのはアプローチとして間違っています。何を作っているのでしょう？　eコマースサイト？　いいですね。それなら、フロントエンドを担当するチームとバックエンドを担当するチームがあるでしょう。最初の組織図は、人ではなく、製品や技術を軸に描いてください。

　人ベースの組織図に描かれているのは、権力構造です。誰が誰に責任を持つのか？　何に責任を負っているのか？　影響範囲はどのくらいなのか？　報告すべき上司は誰か？　このような質問は避けられませんが、組織構造をどのようにとらえるかという基本路線は設定できます。製品優先か、技術優先か？　あるいは、人優先か？

　このアドバイスを皆さんにお伝えするのは、私が何年も犯してきた過ちだからです。最初の方向性で定められる基本路線は、変更することがまずできません。

18章
分散ミーティングの基礎知識

　私はリーダーとして、チームが健全であることを第一に考えます。そのため、週に一度の1on1のミーティングを重視しています。1on1は私にとって、得られる情報が最も多いミーティングです。社員が世界中にいるので、1on1をオンラインで行うこともあります。何年もの間、オンライン会議には多少なりともラグがつきもので、そのせいで会話が停滞することがありました。こうしたラグがあるたびに、チームメイトとの距離を感じたものです。

　しかも、ミーティングの前には必ずオーディオとビデオのセットアップをしなければならなかったので、煩わしい作業のたびにこう思っていました。「もっと良い方法があるはずだ」と。

　ここ3年ほど、私は「ビデオ会議は解決済みの問題」と考えていました。ネットワークインフラが成熟し、優れた設計のソフトウェアが現れてきたことで、ラグはほとんどなくなり、機材のセットアップも簡単になったからです。とはいえ、私たちにはまだやるべきことがあります。

18.1　リモート

　まず、リモートという言葉から説明します。リモートチーム。リモートでの作業メンバー。この単語の意味は「人が主に集まった場所から離れている」ですが、職場で使われるときには、少し違います。リモートチーム、あるいはリモートメンバーとは、本社にいないメンバーを指します。しかし、「リモート」という言葉で多くの人が思い浮かべるのは元の定義であり、これが第一の問題です。

　まずは、2つの考え方に同意するところから始めましょう。

- 遠隔地にいる人やチームを「リモート」ではなく**「分散」**と呼びましょう。分散というのはありきたりの言葉ですが、だからこそ解決できる課題が一つあるのです。**リモート**とは**中心から離れている**という意味で、**分散**とは**別の場所**という意味です。

- どんな呼び方をしても、別の場所にいる人間やチームは仕事をするうえで不利になります[†1]。分散している人には、コミュニケーション、文化、仕事上の背景についてオーバーヘッドがかかります[†2]。リーダーとしてあなたの仕事は、そのオーバーヘッドを減らすために積極的に投資することです。

いいですか？　まずは簡単なことから始めましょう。分散型ミーティングを運営するための仕組みについて、施策に関するアドバイスを簡潔にまとめました。

18.2　「人の多い」ミーティング

これからお話しするユースケースは、複雑で、かなり無駄もあります。これから紹介する教科書的なアドバイスは、分散チームで1on1を行うときにも当てはまります。しかし、まずは、最も骨が折れ、最もコストがかかり、改善の余地が最もある場所に焦点を当ててみましょう。それは、「多人数」のミーティングです。

多人数のミーティングは2箇所で行われます。それが、**ホスト**と**分散地域**です。ホストはメンバーの大半がいる場所であり、分散地域はオンラインで繋ぐ相手がいる場所です。

この種のミーティングの**ルール**（https://oreil.ly/qkL1c）については、すでに書いた通りです。その記事を読んで、次のような課題を考えてみてください。「どうすれば、ミーティングの参加者全員が同じ体験をして、同じ価値を生み出せるようになるだろう？」

分散型ミーティングを定期的に行っているリーダーへのアドバイスは、3種類あります。すなわち、「ミーティング前の注意事項」「ミーティング中の注意事項」「ミーティング後の注意事項」です。

[†1]　免責事項：ここでは、本部に大勢がいて運営を行っているような分散型チームを想定しています。一方で、社員が全員が世界中にいる場合もあります。きわめて興味深い状況ですが、私は経験したことがありません。本章のアドバイスは、このように完全に分散している場合でも役に立つかもしれませんが、注意は必要です。

[†2]　一方で、明確なメリットもあります。

ミーティング前の注意事項

- オーディオ/ビデオやネットワークの設定で時間を無駄にしないようにしましょう[3]。
- ミーティングの開始時刻は5分や35分に予定し、5分前には会議室に行って、分散型ミーティングのための機材の準備を行ってください。こうすればミーティングを時間通りに始められますし、それ以上に重要なメッセージを送ることにもなります。ミーティングが始まって7分もした頃に、「アンディはどこ？」と誰かが言い出すようなことがありませんでしたか？　そう、アンディは分散地域にいて、ホスト側の誰もビデオをつけていなかったのです。何より、アンディはこの7分間、自分の席で「忘れられてる？」と心配していたのです。
- オンライン会議ソフトウェアの初期値を適切に設定しておきましょう。新しい会議に参加するときに、マイクとオーディオの初期値を「オフ」にしておきます。こうしておけば、会議に参加するときに余計な邪魔が入らなくなります。
- 自分の背景を確認しましょう。後ろに気になるものはありませんか？　あったら、直しておいてください。
- ホワイトボードの準備はできていますか？　いいでしょう。ミーティングの前に、分散地域にいるメンバーが見られるようにしておきましょう。

ミーティング中の注意事項

- ホスト側に監視係を置きましょう。分散地域にいるメンバーに注意を払い、話す準備ができたという合図を確認する役割です。
- 部屋の音響の性質を理解しましょう。こんなふうに分散してメンバーが集まるのは初めてですか？　始める前に全員のマイクチェックを行いましょう。分散地域側で周りがうるさい場合には、ヘッドホンが便利です。
- 参加者には、発言していないときはミュートにしてもらいましょう。マイクは思う以上に音を拾うものです。特にキーボードを叩く音。待って、カタカタやってるのは誰？　全員が同じ部屋にいる場合と同じルールに従ってください。書記以外、パソコンを使ってはいけません。

---

[3]　チームにいくら払っているかを考えてみてください。そして、機材が粗末なせいで、コミュニケーションが非効率になるとしたら、どれだけコストがかかっているかを考えてみてください。

- ホワイトボードをみんなで見る時には、分散メンバーがホワイトボードを見られるかどうか（もう一度）確認してください。これも監視係の大事な仕事です。
- 切断するときは、一番大人数が繋いでいる場所が最後にしてください。メンバーに敬意を払いましょう。

ミーティング後の注意事項

- 初めて参加するメンバーがいたり、会議室を初めて使う場合には、どうだったか全員に聞きましょう。問題点を直してください。
- 分散メンバーの中には、ミーティング中に音が途切れる人が出てくるかもしれません。会議室のオーディオを買い替えましょう。特にホスト側の部屋が広い場合、マイクを複数使っていると、奇妙な音を拾うことがあります。以前の職場では、役員室のテーブルにマイクが組み込まれていました。役員の一人は、ミーティング中にテーブルの下でペンをカチカチと鳴らす癖がありました。分散メンバーには、耳障りなカチカチカチという音が聞こえていましたが、ホストにいる人にはまったく聞こえなかったのです。
- 分散メンバーがミーティング中に何かを見落としている場合があります。そうならないようにすべきですが、議事メモを配れば、参加者全員にとって大事なフィードバックループとなります。議事メモの賞味期限は短いので、できるだけ早く送ってください。

18.3　たいした違いはない

　私が分散型チームでリーダーとしてやった仕事の多くは、ミーティング中に機材がちゃんと動くようにすることではなく、分散メンバーに、本社から大切にされていると感じてもらうことでした。それは何か一つすればいいということではありません。分散メンバーが軽んじられているという感覚を与えてしまうような不満の種が山ほどあるのです。その感覚は間違いですが、本人にとってはきわめて現実的なのです。

　ここでご紹介したアドバイスの多くは、コミュニケーションを円滑にするためのちょっとした施策ですが、組み合わせることで、より大きな目標を達成することができます。ミーティングの参加者全員が、コミュニケーションや仕事の背景に平等にアクセスできるようにすることで、「分散していることは問題ではない」という明確なメッセージを送ります。ホスト側にいても、分散地域にいても、たいした違いはないのです。

第III幕
Slack：エグゼクティブ

　聞いた話によると、スチュワート・バターフィールドはゲームが好きで、オンラインゲームを作って売ろうとしたことが2回あります。最初の作品の名前は「ゲーム・ネバーエンディング」。インターネットの黎明期に作られましたが、うまくいきませんでした。ただ、そのゲームには、価値があると思える点がありました。それが、写真を共有することです。

　「ゲーム・ネバーエンディング」を作ったLudicorpは、方向転換してFlickrを世に出しました。バターフィールドは、Flickr（当時は40人程度でした）をYahoo!に売却し、その後も、GMとして4年間在籍しました。Yahoo!を退職するとき、自分の会社であるTiny Speckで、2つ目のゲームである「グリッチ」に挑戦しました。ウェブベースで、芸術的に美しく、異様に頭を使わせるゲームでしたが、ユーザーの心をつかめませんでした。バターフィールドが、投資家に借りた資金を返そうとしたとき、投資家たちは「他に何かアイデアはないのか？」と尋ねました。

　バターフィールドにはあったのです。

　「グリッチ」を作っているとき、開発チームはインターネットリレーチャット（IRC）を、チームのコラボレーションのためにもっと使いやすいように改造しました。この自作のコミュニケーションツールを使わずに開発することは考えられなかったので、この自作のコミュニケーションツールを一から作ることにし、それがすべてを変えました。

　企業の方針を転換し、ブランドを再構築して、6ヶ月でベータ版を作りました。24時間で8,000社と契約したところで、自分たちが銀河系の歴史の中で最も急成長したエンタープライズソフトウェアを作ったことに気づきました。そして、このソフトウェアは、Slackと名付けられたのです。

　スチュワートから連絡が来るはるか前から、私はSlackにほれていました。私はそ

れほど長い間IRCを利用していたわけではありませんが、チーム間のコミュニケーションが進化しなければならないことははっきりわかっていました。もっと早く、他の人を見つけ、連絡し、コミュニケーションをとれるはず。メールの受信箱を延々と管理する時間も減るでしょう。最終的には、生きた知識が蓄えられるようになるでしょう。問題は、私がその時の仕事を気に入っていたことです。

　　スチュワートからのメールにはこうありました。「ところでマイケル、お話ししたいのですが差し支えありますか？」
　　差し支えは……ありませんよね。

　Slackに入社したときの私の肩書きは、「技術統括責任者」でした。前職のPinterestでの役割は「技術リーダー」です。**第II幕**の導入部で学んだように、肩書きは文化によって異なりますが、負うべき責任は一緒です。Pinterestとは違って、Slackでの技術リーダーの責任は共同創業者兼CTOのカル・ヘンダーソンと共有していました。
　私は約2年間、Pinterestのエグゼクティブに就いていました。Slackでは、私は「経験豊富な」「エグゼクティブの」「リーダー」だと思われていたのでしょう。やがてわかったのは、正解はそのうちの2つだけだということでした。つまり、「経験豊富な」「リーダー」。
　新しい仕事になじむまで、最低でも3年はかかります。**最低3年**です。つまり、私がSlackに入社した時点には、エグゼクティブの役割を本当に理解し、能力を発揮できるようになるまで、まだ12ヶ月もの時間が必要だったのです。
　なぜ、第III幕の最初にこんなことを言っているのでしょう？　理由は2つあります。まず、リーダーとしての仕事が大変であることはすでに知っているでしょうから、初っ端から敷居を上げる必要がないことをわかってもらうためです。第二に、いずれにせよ、自分の目で確かめるまでは、複雑な仕事をこなせるようになるまでにどれだけの時間がかかるか信じてもらえないだろうと思うからです。
　マネージャーのマネージャーになった時から感じ始める距離感は、エグゼクティブになるとさらに遠くなります。今やあなたは、ビジネスや組織全体に責任を負っています。すると、現場だけでなく、チームからも離れてしまうことになります。そして、そのすべてに責任を負っています。
　この責任には、エグゼクティブとしての最も厳しい側面が伴います。「火は山頂に近いほど燃えやすい」のです。あるチームで何かしら火が燃え始めたとき、そこにはマネージャーがいて、うまくいけば火事を処理してくれます。ただし、できないこと

もあります。影響が強くなり、広がり方が早くなると、ディレクターにエスカレーションされます。ディレクターの方が経験を積んでいるおかげで、今や大火事となった問題を消せることも少なくありません。ただし、できないこともあります。災害の大きさがチーム全員をもってしても手に負えなくなると、エグゼクティブであるあなたにエスカレーションされます。

エグゼクティブとして直面する不測の事態の大半は、大規模火災として事前に想定できます。起きうる事態のうち、最悪を想定したものです。それも、始まりに過ぎません。

不思議ですよね？　では、エグゼクティブは一日中何をしているのでしょうか？火消しをしている？　確かに、しかし、私たちの主な仕事は**防火**です。最高の製品を作るためには、どのような人、製品、プロセスを組み合わせれば良いだろうか？　それを把握するのは、エグゼクティブの仕事の中では簡単な方です。もっと難しいのがこれです。「火災を未然に防ぐためには、どのような人、製品、プロセスを組み合わせれば良いだろうか？」

最終回となる第Ⅲ幕では、新人のエグゼクティブとして投資するに値するささいなことを考えていきましょう。社内政治が組織にどのような影響を与えているのか、コミュニケーションが会社全体にどのように流れているのか、あるいは流れていないのかをじっくりと検討し、最後に私が定義するリーダーシップの原則を紹介します。

19章
ゼロから作りたい病

　新しい職場での最初の3ヶ月間は、デリケートな時期です。「第一印象期」とも呼ぶべき時期で、好むと好まざるとにかかわらず、すぐに周りから人となりを決めつけられてしまうからです。

　私は新しい統括責任者でした。ミーティングでは慎重に立ち回る。注意深く傾聴する。大胆な動きは避ける。これが私のいつものやり方です。誰かに「いつ本気を出すの？」と言われるまで、最低でも3ヶ月はこのやり方をとります。

　また、こう言われても、すぐに否定的な反応をしないようになりました。変化を求められているのは明らかです。そうでなければ、なぜ私を雇ったのでしょうか？　すぐにでも変化が起きることが求められているのは理解していますが、わかっていることが2つあります。まず、確かに何もしていませんでしたが、**90日間かけて、真剣に観察をするところから始めていた**のです。次に、**「第一印象期」の人からの見え方はすぐに固まり、すぐには変えられない**ということを学んだのです。

　他にも、入りたての頃に、新しいチームから妙なことを言われます。

　　「前の会社のことは言うな。」

　もちろん、そんな言い方はしません。「私たちには独自の文化がある」など、そのチームが本当にオリジナルな道を切り開いていることを裏付けるような表現をします。もう一つ。

　　「こんなことは誰もやったことがない。」

　このセリフは実際に言われましたし、部分的にはその通りです。彼らは自分たちが

作ったものを誇りに思っていますし、私もチームに加われたことを誇りに思っています。しかし、この素晴らしいチームが、自分たちの行く先々ですべてを発明しようとする戦略は、危険で非効率です。行く手には困難な作業が待ち受けています。この才能あるメンバーで、誰もが注目する製品を作り上げましたが、**製造プロセスや指導方法を発明**することはできませんでした。

それにしても、なぜ既製品を嫌うのでしょう？　私はその場にいたので、理由を説明できます。

19.1　失敗の連鎖

第Ⅰ幕の冒頭で書いたように、私が初めてマネージャーになったのは、Netscape社でトニーが、とある水曜日に私の席に来て、「マネージャーにならないか」と尋ねてきたことがきっかけでした。

「喜んで」と私は答えました。

このようにして、数年にわたる失敗の連鎖が始まったのです。

マネージャーになることは昇進ではなく、キャリアの再出発であることを忘れないでください。そして、ちょうど魅力的な新しいスタートアップに参加するときのように、こんなふうに言い張るところから始めます。「やったことがなくても、わかっているように見せる必要がある」

ここに経験が活きる余地があります。リーダーとして学ぶべきことの一つに、誰もやったことがないものあっても、自分たちは成功するだろうとチームを納得させられるようなカリスマ性と熱意を示すことがあります。このふるまいは、チームメンバーが言わずとも「リーダーには計画があり、今は自分には理解できなくても、自分たちが何をしているか、リーダーは知っているに違いない」と思い込んでいることに支えられています。

私の失敗は壮大なものでした。モラルの問題もありました。私が作った商品戦略を誰も理解してくれなかったからです。理解されないまま、戦略は進められました。パフォーマンスレビューも実施しましたが、退屈で役に立ちませんでした。レビューをしたのは私です。何週間もパフォーマンスが低下したこともありました。3ヶ月も先の組織変更の情報をチームに漏らしてしまったからです。また、私が陰口を伝える役になっていたため、内輪もめが起きました。この章では、本書の他の章と同じように、私がマネージャーになってからの数年間に起きた失敗の連鎖とそこで得た教訓の一端を記載しています。

　このような教訓を大切にして、同じような状況に遭遇したときには思い出すようにしているのです。新しい職場では、「前の会社のことをよく話しているね」と言われます。

　「そうなんです。だから私を雇ったんでしょう。」

　……とは言いませんが。

19.2　イノベーションを起こすべきときと、コツコツ改善すべきとき

　急成長しているスタートアップ企業は、意識せずに既製品を嫌うものですが、その原因は、無知とプライドです。これらのスタートアップ企業が成功しているのは、自分たちがかつてないことをやっていると心の底から信じているからです。この文化は気に入っているので、「Appleに戻ろう、こんなふうにやっていたよ」とは言いませんでした。聞かずに行動するだけです。

　自分たちが生み出したビジネスへの情熱は、組織のあらゆる場所に波及しています。**すべてはこの革新的なレンズを通して見なければなりません**。確かに、私は自分たちとビジネスを進化させ続けなければならないと確信していますが、イノベーションという行為には高い代償が伴います。立ち止まり、問題を見て、議論します。議論は尽きません。叫び声をあげ、ホワイトボードを使います。そして最終的には、どうするべきかについて、考え抜かれた賢明な決断を下します。そして、意気揚々と前に進み始めます。このユニークな決断と発明を世に送り出したのですから。

　急成長している革新的な企業で起きることはどんなことでも、このイノベーションの原動力で処理しなさい、というわけではありません。そんなことをしたら、貴重な勢いや生産性を失ってしまうでしょう。このレベルの注意を払わなければならない重要な意思決定はほんの一握りで、それ以外は元々ある技術に頼って構いません。

　私はただ行動するだけです。質問もしません。合意形成もしません。ただやるだけです。

　私が技術統括責任者として今の仕事に就いたとき、最初に投資すべきであることが明らかである分野の一つが、エンジニアのキャリアパスでした。昇進を決定する基準が書ききれておらず、それを仕上げなければならないという大きなプレッシャーがありました。

　前職でもまったく同じ問題に直面していました。そこで、エンジニアやマネージャーを集めて、イノベーションを起こしました。委員会は7ヶ月かけて、草案を作

成し、編集し、吟味し、書き直しました。出来上がったのは素晴らしいキャリアパスです。着手してから、1年後には使えるようになりました。

　新しい仕事を依頼されたとき、こうして投資をした経験が頭をよぎりました。私は自問しました。「1年間、何千時間も費やして、もう一度キャリアパスを発明したいのか」と。

　もしチームメンバーに聞いていたら、イノベーションを求める気持ちから「もちろん、私たちは世界を変えるためにここにいるんだ！」と宣言されていたでしょう。だから聞きませんでした。私は前職で作ったキャリアパスの草稿を手に入れ、90日間かけた企業文化の調査で発見したことを慎重に織り込み、もう一人のリーダーと共有して、「これが私たちのキャリアパスです」と宣言しました。

　出来はそこそこでした。傑作というわけではありませんでしたが、示唆に富んでいて、たたき台としてはぴったりでした。さらに重要なのは、私たちの会社の数千時間を節約できたことです。

　その分、製品を作ったり、機能を増やしたり、バグを修正したりできたのです。そう、みんなで集まって、キャリアパスのドキュメントを傑作にすることもできたかもしれません。でも、そこそこの出来のものでも、十分役に立ちましたし、それを元に少しずつ改善していったのです。

19.3　いちいち質問せずに行動する

　明らかに、この教訓にも大きなリスクがあります。だからこそ、**第Ⅱ幕**で書いたのです。あなたのリーダーシップスタイルに対するチームの第一印象は、「新任のエグゼクティブは私の意見を聞かないだろう。お偉方なんて、みんなろくでなしだ」というものであってはなりません。それよりは、「うちの新しいエグゼクティブは、素早く強力に私たちを守ってくれる」と思ってほしいのです。

　最初の90日は危険な時期です。第一印象はなかなか変えられません。最初の数ヶ月間で、方向性が決まります。リーダーとしてのシンプルな言動が、チームや組織全体に大きく響きます。

　エグゼクティブは、組織全体を統括するという特殊な立場にあります。あなたには上司がいます。ボスはCEOですが、社外とやり取りするのに忙しく、あなたへの期待はこんな具合でしょう。「生産的にビジネスを運営してください。私が質問したときには、うまく答えてください。助けが必要なときは、言ってください」と。

　私の基本的な運営スタイルは、どこへ行くべきかを示すビジョンを共有することで

す。つまり、私たちの野心的な未来と、そこに至るのに必要なすべての戦略的ステップを説明するということです。あなたのご意見は伺いたいと思っています。人の目を通れば、アイデアは良いものになっていくからです。しかし、まれにただ実行しなければならないこともあります。いいでしょうか、私はそれをやったことがあるのです。質問せずに行動することで、戦略的に優位に立ち、時間とお金を節約し、リーダーとしての役割を果たしているのです。

　いいでしょうか、マネージャーはあなたが何をしているかを教えてくれます。リーダーという存在は皆、あなたががどこに向かっているのかを教えてくれます。

20章
兵士

　これからお話しするベテラン兵士とは、スタートアップが立ち上がったばかりの頃にいる人たちです。前にも書いた通り、ベテラン兵士は有形無形のやり方で文化を定義しています。わかりやすく言えば、彼らの行動やお互いの接し方が、会社の価値観に過度に影響を与えてしまうということです。

　ベテラン兵士がベテラン兵士になれたのは、成功し、新兵の席が作れるほどチームが大きくなったからです。新兵と言われるかどうかは、最初は能力や年齢、経験ではなく、いつ採用されたかで決まります。創業期にはいなかったので、文化的には明らかに不利な状態で仕事を始めることになります。

　私は過去3回の企業で、ほぼ同じ成長のターニングポイントを迎えました。それが、新兵の「到着」、「教育」、「統合」です。私は役割上、ベテラン兵士と新兵の間に戦略的に配置されています。そのため、この10年間で私が書いてきたものの多くで、ベテラン兵士と新兵がそれぞれどのように機能し、何に価値を置き、どのようにやりとりするのか（あるいはできないのか）を解きほぐし、書きとめることに注力してきました。

　そして、それぞれの会社で、これからご紹介する画期的な出会いがありました。

20.1　問題対応ミーティング

　問題が発生しました。具体的な内容は重要ではありません。重要なのは、ベテラン兵士も新兵も、今回の問題を予測していなかったということです。みんなが驚き、誰かがミーティングを招集しました。ベテラン兵士と新兵のどちらのメンバーも**みんな招待されている**ところから、問題が大きいことがわかります。

　ミーティングが始まると、いつものように、ベテラン兵士の一人が自信満々に問題

対応の手順を語り始めます。他のベテラン兵士が参考になる提案をしてくれたり、誰かがホワイトボードの前に立って書記をやってくれたりします。「みんな、どうやら、片付きそうだね」

10分後、新兵のエンジニア、ジョーダンが手を挙げて、「テーブルを囲んで、自己紹介をしませんか？」と声をかけました。この瞬間のおかげで、このミーティングが忘れられないものになったのです。

沈黙が流れました。見覚えのないメンバーがいることに気づくのはベテラン兵士の方です。これまで、こんなことはありませんでした。新兵たちは心の中で安堵のため息をつきました。「ようやく、メンバーがどんな人で何をしているかがわかるミーティングに出会えた」と思っているのです。

そして私は気づくのです。「ああ、この人たちはお互いを知らないんだな。まだ一つのチームになれていないんだ」と。

20.2　生産性の高いチームを作る

チームの生産性を高く保つうえで欠かせないことは、あまりにもシンプルではっきりとしているので、普段は忘れてしまっています。呼吸のようなもので、本質的であるため、それがなければ生きていけません。

生産性の高いチームは、**己を知っています**。

チームメンバーはお互いの名前を知っており、それぞれの長所と短所、何にやる気を出すかを理解しています。知らない間柄ではありません。

このように本質的に理解し合い、練習を重ねていけば、健全なチームのメンバーは、助けが必要なときに、気兼ねせずお互い声をかけあえるのです。その仕事が誰の手柄になるかは気にしません。**最も適切に判断できる人の手で、仕事がうまく終われば良いのです**。

このチームは自分たちを信じており、仕事人生の中でこういうチームで過ごせる時間はごくわずかです。残念ですが。まだそのチームが作られていない理由をお話します。

20.3　学習性無力感

新兵が身につけた心構えは、ある種の「失望」です。ベテラン兵士が築いた夢を信じていなければ、新兵がここにいることはなかったでしょう。入社してしばらく経っ

てはいますが、ソリューションに参画できているとは感じていません。距離を置いて見ているのです。彼らはベテラン兵士の魔法のような実行力を目にしています（魔法なんてものはありません。ただ、経緯をわかっているだけです）。新兵が新しいことを議論の俎上に上げようとするたびに、ベテラン兵士はすぐに「それは3ヶ月前に解決済みだ」と指摘します（解決していません。彼らが解決したのは一つの場合であって……すべてを解決したわけではないのです）。新兵は人の名前は知っていますが、お互いを知りません。

　新兵がメンバーや製品をよく知らないことに加え、ベテラン兵士が「溺れたくなければ泳げ！」とひたすら繰り返すので、チーム全体が学習性無力感の段階に入り、それぞれがこんなふうに叫び出します。

- ベテラン兵士「私は**すべて**を解決する力を持っていると思う」
- 新兵「**どれ一つ取っても**、どう直していいかわからない」

　これは、なんとかしないといけません。物事はますます見慣れない形で破綻していきます……より速く。ものをわかっていてすべてを掌握しているというベテラン兵士の面目は、物事を解決する能力が自分たちの数に左右されることに気づくにつれ、弱まっていきます。そして、新兵に助けを求めないのは、新兵であるせいで、人となりがわからないからです。

　善意の人同士がお互いを信じられなくなる方法が無数にあることに、ただ呆然とするばかりです。

20.4　みんなでトラストフォールを！

　社外活動で行うチームビルディング用エクササイズの中で、最も馬鹿げたものが何か知っていますか？　それがトラストフォールです。これは、チームを2つのグループに分けて行うエクササイズです。それぞれのグループで、一人が相手に背を向け、腕組みをして後ろに倒れ、それを相手が支えてくれるというものです。

　トラストフォールは気まずいエクササイズの代名詞ですが、何が気まずいのでしょうか？　なぜ馬鹿馬鹿しいのでしょう？　このエクササイズのどこがおかしいのでしょうか？　信頼？　何かおかしいですか？　何も。トラストフォールを笑いのネタにするのは、職場で信頼を築くための複雑な仕組みを本当には知らないからです。

　一方で、ベテラン兵士がお互いを信頼するのは、運に助けられ、頭を使い、血と汗

と涙を流して、新しいものを世に送り出すことができたからです。ほとんどのチームはこの取り組みで失敗しますが、このチームはやり切りました。ベテラン兵士たちは、今、当時の思い出話をしています。彼らが語る創業期の物語は、神話となりつつあります。「バーで飲んでいたときに、サミュエルが投げかけたのは、ありきたりな機能のアイデアでした。この数十億円規模のビジネスが生まれたのは……酔っ払ったサムの思いつきからだったのです」

ベテラン兵士は、アーキテクチャに関する意見の相違のせいで1週間誰も口をきかなかったなどという話はしません。最後の頼みの資金を待って、72時間も過ごしたことについても語られません。この話をしないのは、話すのが苦痛だからではなく、ひどい話だからです。しかし、そういうひどい話も神話と同じくらい重要です。チームの中で信頼関係を築くことにつながったからです。**苦境を乗り越えられれば、その先のどんなことも乗り越えられます。**

私たちは他人に頼ることに対して、有無を言わさない違和感を持つものです。そのせいで、ベテラン兵士と新兵という区別が生まれます。見知らぬ者同士が信頼し合うことはありません。チームが分かれているのは、信頼を築くという、しばしば痛みを伴う重要なプロセスをまだ経ていないからです。

しかし、そこでジョーダンが手を挙げたのでした……。

20.5　問題を無駄にしない

「テーブルを囲んで、自己紹介をしませんか？」

私は以前このミーティングに参加したことがあるので、すぐに間に入りました。「ありがとう、ジョーダン。あなたが誰なのか、ここではどういう役割なのか、そしてなぜこのミーティングに参加しているのかを教えてください」

このミーティングを開かざるを得ないきっかけになった問題は、信頼を築く物語の始まりです。今回の問題が起きた理由や、今後の問題を未然に防ぐための作業よりも重要なのは、一緒に仕事しているという事実です。

ベテラン兵士も新兵もありません。そこにいるのは兵士です。何と戦っているのでしょう？　なんのためにここに？　自分たちのデータに関する厄介な質問をするために使える、親しみやすいツールを作る。素晴らしいアイデアを無数に生み出す。チームとして一緒に働く新しい方法を考える。そう、私たちはそういう夢のために戦っていますが、同時にお互いを守るために戦うことも学びます。それこそが、チームがお互いを信頼したときのふるまいだからです。

21章
文化の流れ

　冬の風物詩をご紹介しましょう。カリフォルニアはサンタクルーズ山脈です。私たちの住んでいる標高では雪は降りませんが、例年、感謝祭の頃から3月くらいまで、まとまった量の雨が降ります。

　カリフォルニアの山々。人間が物を作るよりもずっと昔から、水の流れによって形作られてきたレッドウッドの森の中の話です。山に家を建てるということは、土地について考えるということです。岩盤層か？　粘度層か？　地震の時にはどのくらい揺れるのか？　かなり？　分かった、そしたら柱を深く打ち込もう。そこに鉄筋とコンクリートを詰めれば、強固な基礎ができあがります。

　しかし、まだ水のことを考えなければいけません。水と聞くと、皆さんは「飲むもの」を想像するでしょう。身近にある大きな池や湖をイメージした方もいるかもしれません。もしかしたら、波が立っているかもしれません。ただ、ここで言う水とは、空から降ってきて、丘を流れていくものです。ほんのわずかな流れが、数時間、数日、数ヶ月、数年を経て、やがて大地を侵食します。川底にある軽いものを運んでくるのです。重力万歳。

　大雨が続くと、固体だった地面に水が染み込んで液体になってしまうことがあります。かつての土が今や液状の泥となり、重力との関係も変わります。それが土砂崩れです。

　山に建てた家が滑り落ちてしまっては困るので、水の流れはすべて別の場所に移すようにしています。屋根の雨どいは注ぎ口につながり、注ぎ口は雨水を家から逃がすパイプにつながっています。道路の水も排水溝に流します。

　ここで私の出番です。

　梅雨の時期はいつも、大雨の中、長靴に防水ズボンを穿き、ジャケットを羽織り、茶色のつばの広い帽子をかぶります。私はお気に入りのシャベルを持って、敷地内を

歩き回り、水の流れを妨げている場所を探します。落ち葉や丸太など、どんなものでも一時的に小川の流れをせき止められます。

そんなことをするのは、家が滑り落ちないようにするためだとお思いでしょう。その通りで、それも理由の一つです。しかし、最大の理由は、水の流れをうまく整えるという繊細な作業がとても楽しいからなのです。今日は、3時間かけて自分とみんなの敷地を歩き回り、水がきちんと流れているかどうか確認しました。

私の好きなエンジニアが、生産性が高いのは怠け者だからだと主張しているのを聞いたことがあります。謙虚な姿勢ですね。彼らに怠け心は一切ありません。ただ、効率を重視しているのです。**同じことを何度もやりたくないから、仕組を設計したいのです。**

初期条件を設定したら、あとは仕組みに任せるだけ。

これらの水の流れをたどり、ゴミを取り除き、支流のための水路を開き、そして、ただ様子を見ています。ずっと、長い間。その時間はうれしくて仕方ありません。暖炉の火を見つめることにも、同じような魅力を感じます。水の流れや炎のゆらめきが持つ複雑なフラクタルが好きだというだけではなく、周りの気づかない生産性の高い仕事の証を見るのが好きなのです。

水が丘を豊かに流れ下っているのが見えますし、その先の水の流れも目に浮かびます。雨季の終わりには、一時的だった小川が地面を10cm以上掘るのです。あと5年もすれば、母なる自然が、うまく配置された水と土、そして重力の助けを借りて、ここに小さな峡谷を作ってくれるでしょう。

私の役目は、目を離さないこと。時にはシャベルが必要になるかもしれません。年を追うごとに、私はこの流れを変えられなくなっていきます。小川が地面を掘り下げて成長していくからです。

新しい仕事を始めるときには、この小川のことを思い出してください。

21.1　変わらない文化

この10年間、私が職場として選んできたのは、100人ほどの従業員を抱える急成長中のスタートアップ企業でした。20人目の社員になったこともありました。その経験はとても貴重でしたが、私が職場としたいのは、社員が100人くらいの会社です。この段階まで来ると、企業はビジネスを実証しており、規模を拡大する準備ができていると考えられます。そうしたら、私に声をかけてください。

最近勤めたスタートアップ企業は3社ともこのような急成長を遂げているのです

が、そこでの経験を振り返ると、次に挙げる3つのことを自信を持って言えます。

- **19章**で述べたように、これらのスタートアップ企業はどこも、自分たちが直面している一連の問題は独自のものであり、斬新なソリューションが必要であると確信しています。そして、その考えは大抵が間違っています。
- こうしたスタートアップ企業に勤めているメンバー同士は、どこの会社も独特のやり方で効率的に絆を築いていますが、後から入社した人が同じように仲良くなるのはほぼ不可能です。残念ですが。
- 文化をどう構築するかについて語る人はたくさんいますが、文化の大半はすでに構築されています。善意から新しい価値観を壁に貼り出すようなことを何度やっても、創業チームが会社を運営している間は文化が大きく変わることはありません。本当に。

　後半の2点については、議論の余地があるべきで、本当に書かれている通りならうんざりだと思うかもしれません。

　覚えておいてください。創業期のメンバーは奇跡を起こしたのです。信じられないような量の仕事をこなして、会社を作り上げたのです。それもどこにでもある会社ではなく、成功が約束された会社です。信頼していた人たちみんなから不可能だと言われ、動く製品ができるはるか前に、自分たちのアイデアについて生煮えの話をしなければならず、心の奥底では成功の可能性が低いとわかっていても、自分たちのミッションに他の人を引きつけなければならなかったのです。

　その試練の中からストーリーが生まれ、新しい仕事を始めるときには、まずそのストーリーを聞くことから始まることになります。

21.2　ストーリーを聞く

　あなたの会社の価値観は、壁に巨大な黒いブロック文字で描かれています。こんな感じでしょうか。

- 私たちは透明性を重んじる
- チームワークが夢を実現する
- 私たちは顧客だ
- 人には親切に

- 私たちは○○にこだわっている

あってますか？　少なくとも一つは当たっていると思いますし、もう一つくらいは、意味は同じ別の言葉でしょう。スタートアップ企業の価値観が似たり寄ったりであることは、驚くことではありません。なぜなら、これらの企業はどれも、リスクを取ることを恐れず、野心的で、少し気まぐれな人たちが作った企業だからです。その人たちは、新しいものを世に送り出すという挑戦を愛していて……そして、皆、同じような課題に直面しているのです。私は、そういう人たちと一緒に仕事をしたり、学んだりするのが大好きです。そういう人たちが長年にわたって私に教えてくれた重要な教訓の一つは、**壁に書かれた文字より、語られるストーリーの方が重要**だということです。

耳を傾けてください。そのストーリーは、チームの中で最初に耳にする議論かもしれません。厄介な設計上の判断かもしれません。手を挙げて「私たちこそが顧客だ」という価値観を教えてくれる人は誰もいません。ただ、誰かがストーリーを語ってくれます。こんな感じではないでしょうか。

> AJとキャロルの意見が合わなかったときのことを覚えていますか？　設計と技術、それぞれ立場がありました。2人は正反対の視点を持っていて、どんなに仲を取り持とうとしても、目を合わせようとしませんでした。CEOのハマーを呼ぼうとしましたが、それを聞いた瞬間に2人のボルテージが上がってしまいました。2人で玄関から出て行って、深夜まで街を歩き回りました。6時間の1on1です。誰もいないオフィスに戻ってきた2人は、机を並べて徹夜で設計を行いました。朝になって他のメンバーが戻ってくると、AJは机の下で寝ていて、キャロルはみんなのためにお祝いのドーナツを買ってきてました。最も重要な機能がうまく設計できたことがわかったからです。

だから、毎週火曜日の朝にドーナツを食べるのです。この話はAJが製品統括責任者に、キャロルが技術統括責任者になった理由でもありますが、この会社で、リスクが高いときに何度もこの話をするのは、次のことをみんなに思い出させるためです。

1. 技術担当と設計担当は対等なパートナーだ。
2. このパートナーシップには健全な緊張感がある。
3. それがあれば、何でもできる。

　これは実際に起こったことです。AJとキャロルはあの時、大喧嘩をしましたが、それは2人とも参加した送別会でお酒を飲んでしまったからです。そこで、たまたまその機能について話し合ったのです。そこで何かを発見し、翌朝それをみんなに伝えました（そしてまったく関係のないドーナツを持ってきたのです）。

　しかし、AJとキャロルの話は何度も聞くことになります。会社の歴史の中で決定的な瞬間だからというだけでなく、そうやって語ることで絆を深めているからです。そうやってお互いにつながり、個々人である「私」が集まって「私たち」となるのです。ストーリーは、大切なことを思い出させるために語られ、それを聞いた人がまた新たに語ります。このことは、難しい質問に答えるのに役立ちます。企業を定義するストーリーは、私たちがここまで来るのに何が必要だったかを思い出させてくれます。ストーリーがどう語るかを定め、文化を定義するのです。

21.3　文化の流れ

　これらのストーリーは、文化です。壁に書かれた言葉ではありません。こうしたストーリーと壁の文字がお互いに支え合っていれば好都合です。しかし、私が働いていた会社では、チームワークが中核的な価値観として説かれていました。面接の際にも聞きましたし、入社研修でも重要視されていましたが、昼食時に初めて聞いた本当の話は、CEOが恐ろしい独裁者だというものでした。

　文化を決定づけるストーリーは、意図して戦略的に組み立てられたものではありません。会社にとって重要なストーリーがどれなのかを、ミーティングを開いて決めようとする人はいません。社内のメンバーが、**自分にとって重要なストーリー**を何度も何度も繰り返し語り、時間をかけて、会社の意識の中にはっきりとした文化の流れる道を切り開いていったのです。時間が経てば、それは信仰になります。私たちは、状況Xの時、ストーリーYについて語ります。しかし、ストーリーYは必ず状況Xに当てはまるのでしょうか？　必ずしもそうとは言えないかもしれません。それでも、私たちはそのストーリーを語るのです。

22章
アンチフロー

　ゾーンに入ることは、私にとって大切なプラクティスです。ゾーンとは、心の中の場所のことです。フローとはこの貴重な心の空間で起こる活動です。フローとは、プロジェクトや問題について深く考察する能力のことです。フローに入っていると、超人的な量の背景を頭の中に入れておくことができますし、しかも、その背景を軽々と横断できます。フローを使えば、並外れた価値を生み出せます。この章を書いている今もフローに入っています。ただし、この章で扱うのはフローではありませんが、奇しくも題材はゾーン内の別の活動となります。私はこの活動を「アンチフロー」と呼ぶようになりました。

　アンチフローとは、思考のシャワーです。これは、問題や思考あるいはチャンスについて直接考えていないときに、脳が作り出すランダムな結びつきです。これらの発見が持つ予想外の魔法のような品質は、召喚魔法の練習のような印象を与えるかもしれません。しかし、私は豊かなアンチフローを何時間も作り出すための簡単なプロセスを発見しました。

22.1　アンチフローの活用

　この章は現在924ワードです。段落は6つ。タイトルが決まり、頭の中で話の横糸を紡ぐことができたと思います。まだ結末は決まっていませんが、おそらく記事の途中で「日々の仕事におけるアンチフローの重要性」について繰り返すことになるでしょう。はっきりと仕事とは言えないことも、仕事と同じくらい重要であるといったことも書くでしょう。うん、それがいい。やった！　フローは最高だ！

　あと30分もすれば、この章を書く手を止めて、ロードバイクのイザベルに飛び乗って、ロングライドに出かけるつもりです。3時間、60km以上です。

　ロードバイクに乗って何kmか走ったら、脳が自然とこの作品のことを考えるでしょう。「良いタイトル？　そうだ。横糸に意味はある？　もちろん。アンチフローには、ネガティブな意味合いがあるけど、問題だろうか？　この言葉の使い方を調べた方がいいかもしれない。そうしよう」

　ロードバイクをこいでいる間に何が思いつくかを予測することはできません。アンチフローは定義からしても、心の隙間に隠された可能性や奇妙なつながりを発見することだからです。応用フローが創造的なプロセスを主導することだとすれば、アンチフローは、さらに野心的で創造的な目的を達成するために指示を行わないことを意味します。例えば、アンチフローに乗り始めると、最悪の結果に終わった2週間前のミーティングについてのアイデアが思い浮かぶこともあるかもしれません。このミーティングが終わってから、それについて考えることはありませんでした。それでも、私の脳は余裕を見つけていて、アンチフローが生み出す立派な魔法により、忘れていた問題を解決する方法をふと思いついたのです。すごいですね、私はアンチフローが大好きです。

　私が発見した週末の朝のルーチンは、「アンチフロー」を作ることです。予定がない日の、静かな朝、コーヒー、そして真っ白なブラウザページ。ガードレールはありません。インターネットで検索してみて、気になるものを見つけてください。創造的エントロピーが高いということは、私がアンチフローにいるということです。しかし、ウィキペディアで気になることを思いのままに1時間かけて調べたり、機内で手をつけた文章の続きを書いたり、まったく新しいものを書いたりしても構わないのです。作る作業を始めた瞬間に、アンチフローを離れてフローに入ります。

　ロングライドをしているときには、ウィキペディアもキーボードもありません。ロードバイクに乗っているので、思いついたアイデアについて深掘りすることができず、**アンチフローの高エントロピー状態が続く**ことになります。最大の課題は、無作為に浮かぶアイデアを覚えておくことです。そこで私は、シンプルな仕組みを開発しました。あるアイデアが浮かんで、それを深掘りする価値があると思ったら[1]、そのアイデアを包括する一言を覚えておいて、記憶に残る一文を作り始めます。先日のロングライド中に作った文章は、「ラリーの統計、ロンドンでオフサイト」でした。ち

---

[1]　確かに、浮かんだアイデアが本当に馬鹿げていて、ちょっと考えて捨ててしまうこともあります。

んぷんかんぷんでしょう？　そのうちの2つの言葉は、絶対的な金言でした[†2]。

22.2　インスピレーションの創出を武器にする

　仕事のカレンダーを見ると、1週間を分かりやすく区分けするためのわかりやすい四角が目に留まります。それはミーティングの時間を表しています。私や私が大切に思っている人たちがアジェンダを持って時間をとっているのです。手元の問題に集中するために作られたアジェンダは参加者が運営し、テーマに集中し時間内に終わらせるのに役立ちます。こうした時間枠は役に立ちます。決断が行われました。重要な仕事は、計画的に進められます。

　意図的に、そして多くの助けを借りて、私の1週間と心は決まったレールの上を走っています。思考のシャワーを浴びているときだけではなく、普段から定量化できない本質的な作業が必要なのです。

　アンチフローは、インスピレーションの創出を武器として操れるようにしたものです。アンチフローの深いセッションでは、ありふれたものから魔法のようなものまで、あらゆるものが浮かびます。この本のタイトルは、去年の夏のロングライド中に浮かびました。最近の講演の中で、最も重要なメッセージは、2週間前に浮かびました。人にとても悪い知らせを伝えるための適切な手順が浮かんだのは、3週間前です。その1週間後、私は自分が言うべき言葉がわかりました。

　このインスピレーションの源を知らないと、アンチフローのコンセプトは仕事中にはそぐわないものになります。アンチフローにはロードバイクの方がお似合いなのかもしれません。妻に「3時間のロングライドは退屈？」と聞かれたとき、正直に答える理由の一つがこれです。私は正直に、「一番大事な仕事の時間です」と答えます。

　ロードバイクに乗らないって？　構いません。思考のシャワーを浴びているとき以外でハッとしたときのことを考えてみてください。ガレージの掃除、編み物、モントレー湾へのドライブ。インターネットで気が散ることもなく、どこからともなく魅力

[†2]　今回のロングライドでアンチフロー中に発見したことは？　この本章について編集しましたが、頭の中で取りまとめている途中に、この美しいヴィンテージの1966年式トヨタ・スタウト1900を見つけ、オーナーをほめたところ、コーヒーとジェリービーンズをおごってくれました。その後、自分の手で作ったヴィンテージ品への感謝をかみしめつつ、ほめ言葉の力について考えました。それについては、本書の中でも1章分（**14章**）を割いています。章といえば、現在「ランズ情報ダイエット™」と呼んでいる作品も頭の中で始めました。秘密のプロジェクトに取り組んでいるのです。そして、ベッドサイドテーブルからは、今読んでいるもの以外、片っ端から取り除くことにしました。その時の文章はこうです。「独立トヨタ音楽台帳が山積み。」

的なアイデアが現れます。どこにいても、何をしていても、確実に繰り返せるように工夫しましょう。毎週です。アンチフローはどこででも作り出せます。

23章
実力主義は後追いの指標

　マネージャーとして、直属の部下から「次のレベルに行くためには何をすればいいですか」と質問されたとき、どのくらいの品質と完成度でその質問に答えられるかによって、あなたのリーダーとしての価値が決まります。

　まずは、最悪の答えから始めましょう。「私たちは実力主義を採用しているので、いいアイデアを出せるか次第だ」

　これはとんでもない言い訳です。まず、実力主義であることは哲学であり、戦略ではありません。仕事上の成長について聞かれたときに実力主義という言葉を使うことは、「勝ったら金メダルを渡すので、君が金メダルを取るようになったら、勝っていることがわかるようになる」と言っているようなものです。

　実力主義は（もし実現できたとしても）、後追いの指標でしかないでしょう。つまり、これまでに、あなたがリーダーを勤めるチームが、人の評価が能力によって決まる文化を作ることに成功したということです。努力に値する壮大な夢のように聞こえますが、キャリアアップのアドバイスとしては不十分です。

　もっといい答えがあります。

23.1　2つのキャリアパス

　あなたの組織には、キャリアパスが2つあります[1]。一つは一般社員の成長を示すもので、もう一つがマネージャーの成長を示すものです。この2つのキャリアパスは、その仕事をしているメンバーが書いた公式なドキュメントです。つまり、エンジニア

---

[1]　ここで「ラダー（はしご）」という言葉を使いたがる人もいますが、私は「パス（道）」という言葉が好きです。はしごは、上に向かって登らなければなりませんが、パスは旅です。

はエンジニアのためのキャリアパスを書き、マーケティングはマーケティングのスペシャリストのためのキャリアパスを書く、といった具合です。

　これらのドキュメントには、組織の価値観や文化、組織で使われる言葉を反映する必要があります。一般社員については、キャリアパスに次のような情報を含めることをお勧めします。

レベルと肩書き

　レベルとは、エンジニア1、エンジニア2などのように、各段階を区別するための一般的な番号です。肩書きとは、アソシエイトエンジニア、エンジニア、シニアエンジニアなど、レベルをより明確に表したものです[2]。

各レベルに対する期待全般についての簡潔な説明

　シニアエンジニアの場合、こんな感じです。「明確に定義されたプロジェクトを最初から最後まで担当する」

各レベルに求められる行動規範のリスト

　これらが成功の尺度となります。行動規範の例として「技術力」を挙げられるでしょう。キャリアパスでは次のように定義しています。「機能やシステムの設計、スコーピング、構築を行う。他の人が技術的な決定をするのを助ける」

各レベルの行動規範がどのように発揮されるかの定義

　技術面での行動規範は、アソシエイトエンジニアの記述（「スコープの定められた問題を解決するために、製品またはシステムの機能を実装および維持する。必要に応じて指導を仰ぐ」）は、シニアエンジニアの記述（「柔軟な技術的ソリューションを自主的に検討する。技術的な不確実性を予測する。チームレベルの技術的ソリューションを設計し、実行することを任されている。コードの構造と保守性を向上させるためにチームを指導する。自分の仕事を完成させるために必要なリソースを獲得する」）とは大きく異なるでしょう。

　この推奨リストは決定的なものではありません。このドキュメントには、影響力の

---

[2]　そうですね、肩書きは有害だと言いました。特に、私はこう言いました。「肩書きのシステムの主な問題点は、人間が不規則で混沌とした存在であり、学習するペースや方法はさまざまだということです」　これは事実です。また、キャリアの進展を定義するためのより良いメカニズムを私がまだ考え出していないのも事実です。

範囲、理想的な経験年数、社外でのレベル感などの項目を簡単に追加できます。マ
ネージャーのキャリアパスに関しても同様です。

　この任務の大きさに圧倒されているなら、いい企業に勤めているのでしょう。この
ような説明文を作成するためのたたき台となるキャリアパスはネット上で見つけられ
ますが、あなたのチームには独自の文化があるので、あなたのチームで独自の説明文
を作成することを強くお勧めします。あなたが必要とする行動規範は、あなたが集め
た文化の担い手の価値観に応じて増えていきます。

　キャリアパスの設計や立ち上げにあらゆる面で失敗してきた立場から、よくある落
とし穴について、身をもって思い知ったアドバイスをお伝えします。

23.2　2つの平等なキャリアパス

　まずは構想から始めましょう。マネージャーと一般社員という2つのキャリアパス
が同等であることをはっきりさせておく必要があります。この考え方の説明は、キャ
リアパスを設計**しない**方法を示すことで行います。

　キャリアパスが必要になるのは、キャリアアップのための評価基準が必要になるく
らいエンジニアが増えたときからです。良かれと思った人たちがこのキャリアパス
を定義します。素晴らしい！　あなたの会社にはキャリアパスがあるということで
す。この新しく定義されたキャリアパスで、誰がどこに行くかを決めるのは誰でしょ
う？　みんなのレベルはどれくらいでしょう？　誰が「シニア」でしょう？　通常、
何らかの形でマネージャーになっている人がこれらを決定します。マネージャーとし
ての仕事をよく知らない一般社員が、マネージャーによって自分のキャリアがこれま
ではよく知らなかった影響を受けていることに気づくのは、この瞬間です。

　マネージャーが特別な権力を持っていることが明らかになると、一部の一般社員は
すぐにマネジメントに興味を持つようになります。問題は多くの場合、一般社員から
マネージャーというキャリアパスが、まだドキュメント化されていないことです。本
来キャリアパスを書くべき人たちが、個々の一般社員のキャリアパスを定義する作業
に忙殺されているからです。

　ここで破綻が生じます。一般社員のキャリアパスを定義し終えたばかりなのに、突
然、まだ書いていないキャリアパスにみんなが興味を持つようになったのです。一体
どうしたんでしょう？　その理由は、一般社員のキャリアパスを読んでも、**一般社員
にもリーダーになる機会が平等に与えられている**ことがはっきりしないことにあり
ます。

　エンジニアがマネージャー職になりたいと思う理由はたくさんありますが、もしその理由が「リーダーとして成長するためにはマネージャー職が最適である」という認識だけであれば、リーダー陣が「リーダーシップを発揮するのは一般社員の仕事ではない」という認識を作ってしまっていることになります。これは災難ですね。

23.3　成長税

　キャリアパスのようなドキュメントには、企業文化を記録し、評価基準を定義し、チームが大きくなるために必要な判断を行うためのプロセスを記載します。こうしたドキュメントを読めば、定義はわかるようになりますが、それよりも、どのように適用されるかについて、チームは興味津々に見つめています。先ほどの例では、マネージャーが新しく定義された一般社員のキャリアパスのためにレベルを選定していますが、チームの各メンバーは自分がどのレベルで、**それを決めるのが誰なのか**を同じように気にかけています。

　有機的な役割しか定義されていない急成長期には、すべてが常に変化しているため、誰もが自分の立ち位置に悩んでいます。突然、役割を決める権限を持った新しいマネージャーが現れ、一般社員はこう自問します。「他に、自分たちにどんな権限を与えるのだろう？　そして、その行動に参加するにはどうすればいいのだろうか？」

　そこであなたは、一般社員の成長を示す行動規範をはっきり定義した一般社員向けのキャリアパスを書きました。しかし、リーダーシップはどこからでも生まれるということを明確にすることを忘れていたのです。もし一般社員が、自分にはマネージャーと同じリーダーとしての能力があると信じていなければ、リーダーになりたい人はマネージャーとしてのキャリアパスを歩もうとするでしょう。

　これはさほど悪い結果ではありません。有能なマネージャーが必要なのは間違いないからです。しかし、失敗であることには違いありません。なぜなら、チームに対して、采配を振るうのはマネージャーだけだという合図を送ってしまっているからです。

　急成長時の大きな課題の一つに、成長税と呼ばれるものがあります。これは、チームの規模に応じて増える、生産性に対するペナルティです。こう自問してください。

- 難しい決断を下すのにどのくらいの時間がかかるか？
- 重要な情報をどのようにして知ることができるのか？
- 誰が何に責任を持っているのか、どうやって把握するのか？

　これらの質問に答えるためのコストは、新しいメンバーが参加するたびに少しずつ増えていきます。

　しかし、このようなちょっとしたコミュニケーション税は、文化的な規範を定義することによって課せられるはるかに大きな税に比べれば、かすんでしまいます。マネージャーが唯一のリーダーであるという信念が育ってしまうと、階層構造が生まれます。「より大きい権限を持つ人のところに、許可を求めに行かなければならない」　階層構造はサイロを生み出します。「これは私たちのもの、あれはあの人たちのもの」　サイロは社内政治につながります。「彼らのミッションが最高のミッションなのに、私たちのミッションは大したことがない」

　これは災難ですね。

23.4　リーダーシップはどこからでも生まれる

　実力主義とは、権力を与えるときには、能力や才能だけを元にすべきだ、とする哲学です[3]。この仕組みは、試験や成果を元に測る生産性に基づいて進めなければなりません。経営者としても技術者としても、実力主義の考え方は魅力的です。私はチームをできるだけフラットにして、多くの一般社員に権限を持たせたいと考えています。「マネージャーがすべての権限を持っている」という感覚を強めるような行動は望ましくありません。

　メンバーの数が増えると、マネージャーが必要になるのでしょうか？　私の考えはYESです。異論があるかもしれませんが、人、プロセス、製品に責任を持つ人が何人かいることは、規模を拡大させるうえで不可欠だと考えられるのです。あなたがそう思わない理由の一つは、仕事ができないマネージャーを見てきたからでしょう。最悪ですね。世の中には優れたマネージャーがいます。その人たちは、自分の仕事がチームを健全に保ち、成長を促進することだとわかっている人たちで、それは、チームがなければまさに仕事がなくなってしまうからです。

　一般社員のリーダーシップの定義は、自分のキャリアパスにおいてリーダーとしての行動規範を定義することから始まりますが、それと同じくらいの時間をかけて、一般社員がリーダーシップを発揮する場所をはっきりと定義する必要があります。ここでは、投資に値する役割を2つ紹介します。

---

[3]　実話：実力主義の概念は何世紀も前からありましたが、実力主義という名前が生まれたのは1958年のことでした。イギリスの社会学者であるマイケル・ヤングが、イギリスの教育制度を風刺して作った言葉です。ヤングは、この言葉が否定的な意味合いを持たずに英語に採用されたことに「失望した」といっています。

技術リーダー

あなたの会社にとって「技術リーダー」とは何ですか？　それは、マネージャーが気難しいエンジニアをなだめるために使う、使い捨ての肩書きでしょうか？　それでは、信頼できる一般社員がリーダーシップを定義する機会を逸してしまいます。まずは最初の定義から始めましょう。「あなたはこのコード／プロジェクト／技術の責任者であり、この分野に関してはあなたが最終的な意思決定者であることを意味します」

この定義を元に、技術面でのリーダーシップを必要とするあらゆる技術分野のリストを作り、それを公開してください。それが私たちの担当する分野であり、それを行うのが技術リーダーです。まずは技術リーダーに聞いてください。

この役割の詳細に至るまで定義することには、社内政治上の危険をともなうかもしれません。例えば、技術リーダーの任期はどのくらいですか？　技術リーダーが辞めるとどうなるでしょう？　そして最後に、論争の的となる質問。「誰が技術リーダーを選ぶのか？」　ありがたいことに、マネージャーがいればこの問題は解決します。

技術リーダー兼マネージャー

この役割は、意欲的なマネージャーに人の管理の透明性と公平性を与えるために設計されたハイブリッドな役割です。技術リーダー兼マネージャーは、引き続き最低でも50％の時間をコーディングに費やしますが、直属の部下もいます。キャッチフレーズは何ですか？　直属の部下は3人までにしてください。この制約は、新任マネージャーに対して、人のリーダーとなることに関わるあらゆる側面（レビュー、昇進、1on1など、すべて私の著書『Managing Humans』《Apress, 2016》で取り上げています）に触れさせつつ、エンジニアとして手を動かすために十分な時間を与えることを目的としています。なぜ3人までなのか？　なぜ50％なのか？　比率は人によって異なるかもしれませんが、調整する目的は、彼らが両方の仕事をうまくこなせるようにするためです。

技術リーダーと同様に、運用すると細かいところで問題が出てきますが、文化的に強化しておきたいのは、技術リーダー兼マネージャーがその役割を辞めることにした場合に、烙印が残らないようにすることです。もし、技術リーダー兼マネージャーに

着任して4ヶ月後に「私は人を扱う仕事に向いていないと思います」と言われたら、私は内容をはっきりさせるための質問をして話し合い、お互いに納得したら、喜んでまたエンジニアに戻ってもらいます。ポンコツマネージャーに仕事を押し付けても仕方ないからです。

23.5　後追いの指標

　キャリアパスに関する私の最後のアドバイスは、最も複雑で完成してもいません。先にも書きましたが、リーダーシップをどのように定義するかは、それをどのように適用するかと同じくらい重要です。昇進プロセスを考え抜いて組み立てれば、あなたがリーダーシップをどのように評価しているかをチーム全体に一貫して公正に示す手段となります。

　昇進プロセスの構築というテーマは、1章分を割くに値するものです。それについては、書く予定です。中途半端で申し訳ありませんが、この章のアドバイスに従うつもりであれば、あなたは正しい道を歩んでいます。一般社員とマネージャーの両方にキャリアアップの道が用意されています。また、マネージャー職以外の役割を定義することで、一般社員にリーダーシップを発揮する機会を与えることもできるでしょう。

　本章のアドバイスは、今後の昇進プロセスに役立つでしょう。マネージャーも一般社員も、昇進時だけでなく、常にキャリアや昇進について議論するための標準的な枠組みが与えられたことになります。今後の昇進プロセスでは、「リーダーシップを発揮している一般社員とマネージャーの両方を、一貫して公平に昇進させているか？」という質問にも答える必要があります。

　やるべきことはまだあります。一年中、一般社員とキャリアについて会話できるようにマネージャーを訓練すること、一般社員が社内を自由に異動できるように従業員に優しい社内異動制度を構築すること、会社全体でフィードバックを与えるように投資することなどが必要になります。成長志向の会社を作るには、言葉を定義するのではなく、努力が必要なのです。

24章
うわさ話の由来

　今、あなたのチームには、あるうわさ話が流れています。残念ながら、有害なうわさ話です。メンバーが思わず口にしてしまうような、興味と感情をかきたてるようなうわさ話です。

　あなたに関するうわさ話であり、まったくの事実無根です。

　そのうわさ話を聞けば、思わずカッとなり、「このデマを言い出した奴を見つけ出して、思い知らせてやる！」と感情的になるでしょう。悪いニュースです。このうわさ話がどこから来たのかを知ることはできないでしょうし、さらに悪いことに、あなたの職場に漂う有害なうわさ話はこれが最後ではないでしょう。

　あなたが落ち着いて耳を傾ける気になったら、話を3つしましょう。多くのうわさ話がどこから発生し、なぜ蔓延するのかを説明したうえで、最後にそれらに対抗するための簡単なコミュニケーションテクニックを紹介します。

24.1　灰色の空間

　私はこの仮想ミーティングを何度も行ってきました。

　同僚のジョエルは、動揺しながら会議室に入ってきました。ミーティングの最後に予定している15分間には、アジェンダはありません。ジョエルはこう語り始めました。「ミーティングへの参加、ありがとうございます。私はちょっとしたパニックに陥っています」

　「どうしました？　何かできることはありますか？」

　「クリス（ジョエルの上司）は先週、休んでいました。前の週に1on1をキャンセルしたので、クリスが休むことを知りませんでした。そのせいで、1on1を2回やらなかったことになります」

「わかりました。でも、彼女は今日戻ってくるんだよね？」

「そうですが、彼女は私をクビにすると思いますよ」

「おっと、1on1を2回やらなかったからといって、クビにしようとしているというのは勘違いだよ、ジョエル。私が見逃している本質的な何かがあるんじゃないか？」

ありません。聞けば聞くほど、クリスがミーティングを2回欠席したことと、休暇を取ることをチームに伝え忘れたことを根拠に、ジョエルは自分が解雇されると結論づけていることがわかります。ジョエルの意見には、明確な根拠がまったくありません。

ただ怖がっているだけです。

つまり、**情報がない場合、チームは恐怖のせいで、思いつく限り最悪の真実を作り上げる**、ということです。この一見単純なルールが、チーム内や会社内で流れているうわさ話の多くの原因となっているのです。

私は過去10年間、急成長しているスタートアップ企業の一員として、うわさ話の文化が育つ様子を目の当たりにしてきました。急成長の時こそ、コミュニケーションの仕組みが問われます。新しく入社した社員は、会社や文化、価値観を理解する必要があります。これは、壁に貼り出した価値観と、各チームの一部として存在する無言の価値観の両方を意味しています。

比較的新しく採用された社員（新兵）がベテラン兵士の数を上回る規模になる前に、明示的あるいは暗示的な価値観はより簡単に感染し、書き換えられます。この時期には、新兵が導入したエントロピーの量がベテラン兵士の修正能力を上回るため、文化が漂流し始めてしまいます。ここから、魅力的なうわさ話が始まるのです。

うわさ話は灰色の空間から始まります。チームが急成長し、かつては毎日のように交流していたのに、今では別々の建物で仕事をするようになったとき、その隙間に生まれるのがこの空間です。灰色の空間は、コミュニケーションの断絶によって生まれます。戦略的な製品決定に関して、自分の意図を説明することを怠った。全社会議での一言が誤解を招き、誰も手を挙げて説明を求めなかった。うわさ話は単なる誤解から始まり、それがもっと力を持ち、広まっていったのです。どうやって？

24.2　付和雷同

1951年、心理学者のソロモン・アッシュはこんな実験を行いました。8人の参加者で構成されたグループに、簡単な知覚テストを行ってもらったのです。実は、8人の参加者のうち7人は役者で、台本通りに動いていました。8番目の参加者は、他の参

加者が役者であることを知らず、みんなが自由に行動していると思っていました。

　実験は簡単でした。参加者は、線が描かれたカードと、それに続いてa、b、cと書かれた3本の線が描かれたカードを見ます（**図24-1**）。

図24-1　ソロモン・アッシュが1951年に行った知覚の実験で使用したカード

　続いて、2枚目のカードのどの線が1枚目のカードの線の長さと一致するかを参加者に声に出して答えてもらいました。ここで示した例のように、ラベルの付いた線はすべて明確に区別できる長さでした。カードには何の仕掛けもありませんでした。役者ではない参加者は、必ず最後に答える仕掛けになっていて、他の人がみんな答えてから、自分の答えを言うことになっています。

　実験の回数は18回で、そのうち12回は役者全員が間違った線を選んでいました。実験全体としては、自由に振る舞った参加者の75％が、12回の実験中に少なくとも1回は間違った回答を選びました。

　繰り返しますが、視覚を誤魔化すような仕掛けはなく、どのテストも、ここで紹介したような、あからさまなものでした。仕掛けは、純粋に社会的なものです。8人のうち1人だけが、他の人が明らかに間違った答えを選んでいることを不思議に思って、言葉にならないプレッシャーを感じ、「他の7人は私の知らないことを知っているに違いない」と考えて、そのプレッシャーに屈してしまうのです。

　アッシュのテストは、集団思考についての洞察を与えてくれます。周りの人がそうしているからという理由で、明らかに間違った道や説明を選んでしまうことがわかりました。思うに、こうした集団思考のせいで、うわさ話が組織の中で動き回り、力を蓄えてしまうのです。

　覚えておいてほしいのは、アッシュの設定では他の参加者は顔見知りではなく、質問と答えは明白だということです（「同じ長さの線を選んでください」「はい」）。まったく馬鹿げたなうわさ話でも、信頼している人たちから、1度ならず2度、3度と聞かされると、「何か真実があるのではないか」と思うようになります。

　そのうわさ話もおそらく、まったく根も葉もないものではなかったのでしょう。答えるべきシンプルな質問が一つあったのです。しかし、それが組織の中で人から人へと伝わっていくうちに、真実は消えてしまいます。信頼できる人の間でそのうわさ話が広まるにつれ、そのうわさ話はどんどん力をつけていきます。デマが形を変えて、お互いに信頼している友人や同僚によって補強されるのです。

　うわさ話は武器にもなり得ます。うわさ話が歴史の流れを変えることもあります。しかし、私たちはこのような下品な道具の話をしているのではありません。ここで話しているのは、ある誤解、会話の聞き間違いを、廊下で別の人にするといったことについてです。そしてこれから、それについて何ができるのかをお話しします。

24.3　くだらないからこそ深刻

　あなたの脳は、でたらめを察知するように訓練されています。進化論的には、どのようにしてこの必須スキルを獲得したのかはわかりませんが、人は誰でも、ある発言を聞いたときに、最初にこういう評価をします。「でたらめか本当か」

　今の世の中、ロボット同士が細かくメッセージのやりとりをしていますが、私たち人類は皆「でたらめ」の発見と防止が非常に苦手なのです。しかし、だからといって個人として対抗することができないというわけではありません。

　でたらめとうわさ話の違いは、どの程度馬鹿げているかで決まります。でたらめは、あまりにも馬鹿げた話なので、簡単に無視できますが、うわさ話には、本当っぽいことが多いので、少し信憑性があるのです。しかし、うわさ話であろうと、まったくのでたらめであろうと、対応は同じです。真実を見つけてください。

　念のために言っておくと、ここで想定しているうわさ話はあなたに関するものであり、それを聞いたあなたは怒り心頭に発しているでしょう。その怒りが収まったとき、あなたはこのうわさ話を処理できる唯一の立場にいます。なぜなら、幸運なこと

に、あなたは……あなただからです。このうわさ話が社内で広まったとしても、あなたは根拠に基づいて反論できます。なぜなら、あなたはあなた自身のことをよく知っているからです。

　うわさ話が発覚したときのお決まりの反応は、憤慨した魔女狩りの被害者の叫び声です。「**誰がそんなことを言ったんだ。誰だかわかったらそいつに一言言ってやるぞ**」……など。

　頭を冷やしてください。恐ろしい真実の法則があります。「リーダーとして仕事をしている時はいつでも、チームの30％があなたのパフォーマンスに不満を持っている」　個人的な恨みなどではありません。単にあなたがこの状況でのリーダーであるということです。まともな戦略、完璧な判断力、そしてすべてのプロジェクトを完璧に遂行したとしても、ある程度の人数は、あなたのパフォーマンスに対して不満と怒りの中間のような感情を抱くでしょう。プロジェクトXにおいてあなたが選んだ道が、その人たちが選びたかった道ではなかった。ミーティングで、彼らの価値観にそぐわない発言をした。不満の種を挙げればきりがありません。すべてを知ることはできませんが、今そこに、確実に不満はあるのです。

　あなたの魔女狩りへの反感のような反応は正常です。なぜなら、うまく作られたうわさ話は、意図せずに顔を殴られたような感覚を与えるようデザインされているからです。うわさ話は会社の廊下を駆け巡り、繰り返し語られることでその効力を高めていきます。繰り返されるたび、うわさ話は、それを伝える人によって書き換えられます。人間というものはお話が大好きだからです。うわさ話が人から人へと伝わるにつれて、話が盛られ、改良されていきます。それは、ドラマ性を高めるための、悪意のない残酷で効率的な編集作業です。

　そして、そこには真実があります。

　「**この顔を殴りつけるようなうわさ話には何の真実味もありません、ロップ！　そんなことは絶対にやらないし、あの人たちもわかっているはずだ**」……など。

　頭を冷やしてください。このようなうわさが立つには理由があります。過去にそのようなうわさが立つに至った何らかの状況があり、唯一できるのは、その毒の中にどのような真実が含まれているのか、立ち止まって考えてみることだけです。私は、「これは私たちの文化ではない！」と正当化して魔女狩りが行われるのをたくさん見てきました。有害なうわさ話、虐待的なうわさ話、攻撃的な悪意のあるうわさ話に対しては、このような行動も正当化されますが、ほとんどの魔女狩りはうわさ話を煽るだけです（「奴らは魔女を探している！」）。このうわさ話を作ったのは誰か1人ではなく、チーム全体です。うわさ話は文化の規模に応じて大きくなります。

　うわさ話の出どころや伝わり方について無駄に強調するより、まずは時間をかけて考えてみましょう。そのうわさ話にはどんな真実が含まれているだろうか？　このうわさ話が答えようとしている未解決の問題とは？　このうわさ話はあなたに関することです。では、何を問われているのでしょう？

　このうわさ話についてのあなたの内省の旅は、試練です。私はあなたではありませんし、あなたの文化を理解していません。このうわさ話を熟考し、消化し、理解するのは大変なことだと思いますが、どんなに非効率的であってもチームがあなたに伝えていることを見つける必要があるのです。

　最近、何か目に見える行動を取りましたか？　公の場でどのようなコメントをしたでしょうか？　誰が聞いていたでしょう？　何を聞いたのでしょう？　確かに、このうわさ話が完全な捏造である可能性はゼロではありません。しかし、うわさ話はすぐには消えませんでした。人から人へ伝わって行ったのです。うわさ話はあなたに近づくほど力を集めます。そうやって拡大することにも意味があります。

　このうわさ話で問われていることを見極められないかもしれません。最初の話から離れすぎて、馬鹿げたものに変貌してしまったのです。そうなると、頭の中で肩をすくめて、チームの少なくとも30％が自分のパフォーマンスの少なくとも一部に不満を持っているのだと、自分に言い聞かせることになります。

　うまくいけば、問われていることのヒントが見つかります。しっかりと組み立てられた仮説であったり、荒唐無稽な推測であったりしますが、この洞察を手にしたとき、あなたは反応し、行動するのです。問われていることへの回答は、公の場で答えるか、自分の行動を変えることで行います。あなたは荒野に少しずつ真実を解き放っていきます。

24.4　うわさ話は文化と共に大きくなる

　あなたのうわさ話がどのように始まったのか見ていきましょう。2週間前のミーティングで、あなたは重要なトピックについて物議を醸すようなことをうっかり言ってしまいました。急いでいたため、正しい理由を半分も説明しないまま、ミーティングを後にしてしまったのです。あなたの目標はインスピレーションを与えることでしたが、初めてあなたの説明を聞いた人の多くを、混乱させてしまいました。

　その場にいた1人が、創造的なブレインストーミングと同じような、内面での精神的プロセスを始めました。理論化を始めたのです。「本気だったのだろうか？　この奇妙な現象にはどんな意味があるのだろう？　その意味を考えてみよう。それに

ついてどう感じればいい？　他の人はどう感じているだろう？　その意味するところは？」

　これもまた、理解したいという気持ちからくる、正常で健全な心の中の議論です。考えた末に、この人は天啓を得ます。その人たちは自分にとって最高の理論を考えます。人間は素晴らしい物語が好きなので、興味をそそられます。彼らは、この理論を他の人にも伝えたいと考え、あなたに直接伝えるか、信頼できる友人に伝えるか、という2つの選択肢のうち1つを選びました。

　あなたは上司で、忙しいのです。あなたは忙しいので、彼らは気兼ねしなくていい方を選び、信頼できる友人に相談します。彼らは、口を開こうとしたとき、第二の選択をするのです。この理論があなたに関するものであり、あなたが上司である以上、うわさ話が蜜の味であることを忘れてはいけません。彼らは「思うに」ではなく、「聞いたところによると」で始めます。その友人は理論を聞き、激しく同意するのですが、**ミーティングの場**にいなかったことを考えると興味深いです。彼らは、事実ではなく、理論に対する友人の熱意に賛同するのです。そして、さらに自分の友人に伝えます。そしてさらに別の友人に伝えるのです。

　うわさ話は文化の規模に応じて大きくなります。こういう誰かが作った話は、事態の発端となる人ではなく、遠く離れた観察者に話をする方が簡単で安全です。誰が言ったとはっきりさせるより、匿名の誰かのせいにする方が、より簡単で安全なのです。

25章
コバヤシマルのマネジメント

　テッドはかなりご機嫌です。会議室で私の向かい側に座り、こう切り出しました。「プログラムの立ち上げは順調です。約1ヶ月間、詳細を詰めてきました。影響を受けるすべてのチームでコンセプトを吟味し、調整したので、もう問題ありません。あとは、会社全体に告知するだけです」

　「よくやった、テッド」　私は賞賛します。「膨大な量の仕事だったね」

　「ありがとうございます」

　「でも、まだ全然終わりじゃないよ」

　「どういうことですか?」

25.1　性格テスト

　23世紀のスタートレックの世界では、宇宙艦隊の士官候補生のためのテストが存在します。メモリーアルファ[†1]にはこうあります。

　　試験内容は、主に宇宙船の指揮を任されるというものです。この船は間もなく、クリンゴン中立地帯内で深刻な故障を起こした民間貨物船「コバヤシマル」からの遭難信号を受信します。救助可能な距離にいる唯一の船を指揮する士官候補生は、通常、救助活動から撤退するか、不可侵条約の危険を冒して中立地帯に入り、船を救助するかのどちらかを選択します。その後、船はクリンゴンの巡洋艦と対峙し、銃撃戦を展開することになります。

---

†1　訳注:スタートレックの世界に関連する情報を集めたWiki。

オチは？　このシナリオでは、勝つことが事実上不可能です。士官候補生は、**コバ
ヤシマル**を救うこと、戦闘を避けること、そして中立地帯を無傷で脱出することを同
時に行うことはできません。テストされているのは、性格と決断力です。

マネージャーの大切な仕事の一つは、通常以上に複雑で予想外、そして一見勝ち目
のないシナリオで適切に行動する能力にあります。でも、もっといいものを知ってい
ますか？　そもそも、そのような状況に陥らないことです。

25.2　システムの異常

マネージャーの日常は、予期せぬ事態に溢れ（あふ）ています。朝会で、ある機能の開発が
1ヶ月遅れていることがわかる。1on1でジャスティンが初めて、もう耐えられないと
言ってくる。廊下でのおしゃべりの中で、仕事上の失敗の予兆に気づく。こう言うこ
とは、組織を運営していれば普通に起きることであり、決して逃れることはできませ
ん。がんばってください。

コバヤシマルの事件はさりげなく始まります。ちょっとしたコミュニケーションで
気づくのです。さほど急ぎではない、考え抜かれたプログラムの立ち上げ。しっかり
と設計され、しっかりとテストされた機能を、顧客全員が利用できるようにする。前
にもやったことがあるので、心配はしていません。だからこそ、その反応は……耳障
りです。

コバヤシマルは突然故障します。迅速な対応は、何らかの形で誰かが手を挙げるこ
とから始まりますが、その人が何を言ったか、何をタイプしたかで、日々起きる予期
せぬ展開とはすぐに区別されます。あなたは口に出さずに思います。「ああ。なんて
こった」

 もし、この章が不快なほど曖昧で、私が何を言っているのか分からないという
方は、恐縮ですが今すぐ読むのをやめることをお勧めします。なぜなら、この
続きも、曖昧で役に立たないものに思えるだろうからです。

コバヤシマルはシステムの異常です。そのことは、最初のフィードバックが届いた
ときにわかっています。フィードバックはこんな感じです。

- まったくの驚き
- 激しい敵対反応

- 予期せぬ人に抗議するために手を上げる人の数からわかること
- このような状況に関係するとは思わなかった新しい重要な情報を含む

コバヤシマルがシステムの異常だと言えるのは、人が集まって重要な仕事を成し遂げるための通常の手段が**見事に失敗した**ためです。議論の余地のない当たり前の組織変更。誰もが得すると思えた人事プログラム。チームの信頼を築くために計画された意図的な情報開示。想定される状況は無限にあり、本当に共通しているのは、この2つの言葉だけです。あなたの言葉です。

「ああ。なんてこった」

25.3　完璧なコバヤシマル

コバヤシマルの残念なところは、コバヤシマルを体験することが一番の準備になるということです。仮想のシナリオを見てみましょう。例えば、新しいプログラムを立ち上げようとしているとします。優れたプロジェクトにはコードネームがあるものですから、これを「グッド・プレイス」と呼びましょう[2]。

「グッド・プレイス」の仮想的な仕様は次の通りです。今月末に開始する全社的なプログラム。影響を受けるのはエンジニアチームの5%で、四半期の間は、日常生活はほとんど影響を受けません。その後、仕事のやり方を変える必要がありますが、まあ、3ヶ月の準備期間がありますからね。問題ありません。

「グッド・プレイス」は、コバヤシマルと同じ性質を持っています。具体的には以下の点です。

- 広い範囲の様々な人に影響を与える。
- その人の働き方に馴染みのない変化や大きな変化をもたらす。
- **最初**に成功を**味わえる**かどうかは、影響を受けた人がその変化にどう反応するかにかかっている。
- 私が過去に手がけた作品によく似ているように**見える**。

---

[2]　私の今のお気に入りの番組と、その決まり文句です。訳注：2016年から放映されたアメリカのテレビドラマ。死後の世界をテーマにしたファンタジーコメディ。生前にいいことをした人間は「いいところ（グッド・プレイス）」へ、そうでない人間は「悪いところ（バッド・プレイス）」へ送られるという設定で、「いいところ」に人違いで送られてしまった主人公をめぐる出来事が描かれる。制作は、**8章**で出てきた「ジ・オフィス」や「パークス・アンド・レクリエーション」と同じマイケル・シュア。

これらの性質が組み合わされて、完璧なコバヤシマルができあがっています。警戒心が薄れ、変化が消化できず、影響を受ける人間の数を過小評価してしまったのです。成功するかどうかは最初の認識にかかっているので、予想外の大きな反応が出てくると、私は極端に否定し、自分に嘘をつき始めます。

- たかが数人だ。**そんなことはない。**
- 誤解に過ぎない。**そんなことはない。**
- そのうちなくなる。**そんなことはない。**

これでは「バッド・プレイス」です。

25.4　適切な準備

どのようにダメージコントロールモードに入り、この勝ち目のないシナリオを巧みに扱う方法をお伝えするのはいいアイデアかもしれません。しかし、この章では、そもそもそのような状況に陥らないための方法を説明したほうがいいのではないでしょうか。

素晴らしい。

私のコバヤシマル防止策は、便利なことに、チームに大きな変化があったときに行うプロセスと同じです。始めましょう。

1. **文章で状況を説明する。** 何が起きているのか、なぜそれが起きているのか、この変化を踏まえたうえでの成功とは何か、どのようにして成功を測るのか、そしてこの開発についてみんながフィードバックするにはどうすればいいのか、それらを明確に説明したプレゼンテーションや文書を作成する必要があります。これは単なる草稿であり、あなたが作業を終えるまでには大きく変化するでしょう。
2. **計画の草稿を、利害関係のない信頼できる人3人で検証する。** この草稿を、この変化の影響を受けず、あなたが信頼している人3人に渡して、感想を率直に伝えてもらいましょう。この章全体で従うべきアドバイスが一つだけあるとすれば、それはこれです。影響を受けない信頼できる人は、あなたの計画の明らかな欠陥を見抜き、その欠陥をあなたに伝えようとする可能性が最も高いのです。
3. **変化によって影響を受けると予想されるすべての人とチームをリストに書き出す。** このエクササイズは、コミュニケーション計画を構築するための最初のス

テップですが、今はサイジングのためのエクササイズです。リストを書いてください。何人がリストアップされたでしょうか？　5人？　5人だけ？　影響を受ける人が5人しかいないのに、この記事を読み続ける意味はあるでしょうか？

理由をお話ししましょう。あなたは予想以上のインパクトを感じ取っています。あなたの虫の知らせがうずいています。果たしてどれだけの人間が影響を受けるでしょうか？　直接的影響だけでなく、間接的影響を含めると？　直接的影響を受けた人を気遣う人。その変化に対して強い意見を持つであろう人。手を挙げて発言するであろう人。そう、そういう人をすべてリストに載せてください。そして、信頼できる3人のところに戻り、リストを吟味しましょう。

4. **コミュニケーション計画を作成する。** 計画と精査されたリストが手に入ったら、いよいよこのプログラムを運用していきます。このプログラムは**カスケード・コ ミュニケーション計画**と呼ばれています。影響の大きい人から始めて、影響の小さい人に向かってゆっくりと進めていくためです。運用は次の順番で進めていきます。

    a. **影響を受けた人間と1on1で行う事前ミーティング。** 直接影響を受けた人たちに、面と向かって構想について説明します。**この変化から重大な影響を受ける人に対して説明できるのは、あなたをおいて他にいません**[3]。私がこれを事前ミーティングと呼んでいるのは、こうした人の1人が、あなたの計画の明らかな欠陥を指摘する可能性がゼロではないからです。私が言っているのは、計画に不満があるということではなく、構想や展開に戦略的な誤りがあるということです。構想の変更にも備えてください。

    b. 少人数の「重要参考人」と一緒に行う、**質疑応答を交えた構想のウォークスルー。** 集団で行う分、個人の対話ではなくなりますが、目的は同じです。反応を見て、必要であれば構想を調整します。

    c. **影響を受けるチームに向けた、質疑応答を交えたプレゼンテーション（チーム毎に行っても、一斉に行っても良い）。** この時点まで来ると、信頼できるアドバイザー、影響を受ける人間、重要参考人と計画を吟味しています。説明を受けた人からのフィードバックを受けても、変更を加えないかもしれないのは、このプレゼンテーションが最初です[4]。ここまで来ると、質疑応答

---

[3] このルールはスケールしません。何百人もの人に影響を与える大規模な組織変更を行う場合、影響を受ける人全員と個人的に話をすることはできません。影響を受けるチームが、公開前にその変更について十分に説明を受けているようにしてください。

[4] もしここで何か驚くようなことがあるとすれば、きっとステップを飛ばしているのでしょう。

で出てくる質問は、何度か聞いたことのある核心をついたものばかりです。

d.　**プログラムの規模に応じて、プレゼンテーション、メール、Slack などで行う、チームや組織全体に対するアナウンス。**

　目の前のチームに送らなければならない膨大なメッセージを抱えてコンピュータの前に座っているのに、送信ボタンが押せなかったという経験はありませんか？　なぜだかわかりますか？　このメッセージに、コバヤシマルの匂いを感じるからです。自分が考えていなかった本質的な切り口があるような気がする。あなたがまだ聞いていない批判的な意見を持っている人が一人いる気がする。コバヤシマル対策に万全を期した自信が持てるまで、「送信」ボタンを気楽に押せないのです。これでは「バッド・プレイス」です。

25.5　予測できないことを予測する

　リーダーシップの原則を一貫して適用する場合と同様に、このコバヤシマルを予防する措置から得られる報酬は何もありません。なぜなら、**何も起きない**からです。問題があると手を挙げる人は誰もいません。何のドラマもありません。チームはあなたの構想を見て、しばらく考え込み、そしてこう言います。「わかりました。次はどうしましょう？」

　何も起こらないと、誰も祝ってくれません。何か大きな問題が発生するとみんなに伝わります。誰もが突然、猛烈な勢いで駆け回るようになるからです。ヒーローやヒロインは、何か問題が起きたときに登場します。そして、3日間休まずに仕事をするのです。このような特別の取り組みに対しては、臨時賞与が支給されます。でも、災害を回避しても、有能なリーダーが自分の仕事をきちんとこなしたというだけなので、臨時賞与はありません。

　私は、カーク船長と同じように、ビジネスに「勝ち目のないシナリオ」なんてものがあるとは信じていません。人間の複雑な集団の中で急速に技術が変化していくと、規模の大小を問わず常にシステムの破綻は起きます。しかし、失敗の中にも得るものがあります。なぜなら、失敗の中には教訓が含まれており、その教訓は、同じ失敗を繰り返さないための新たな作戦として不可欠だからです。

　これこそが、勝利を収める方法なのです。

26章
情報ネットワーク

　私は多くの時間をメンバーの話を傾聴することに費やしています。ただ、私にとっては容易ではありません。気が散ってしまうからです。しかし、私には決まったやり方があります。地面に足をつけて、少しあごを引き、あなたの目をまっすぐに見つめます。**全身を耳にして聞くのです**。私は全神経をあなたに集中させます。一言も聞き逃しません。

　私たち人間は、どこに注意が向いているかを本能的に知ることにかけては専門家です。1on1の状況では、時計をチラッと見るだけで、相手に私の関心が他にあることが伝わってしまいます。聴いていない、と。その瞬間、傾聴するという約束事が破棄されてしまうため、会話の質も落ちてしまいます。

　私の経験則によれば、マネージャーとしての仕事の50％は、情報を集め、評価し、再分配することです。それが私の主な仕事であり、効率的に行うかどうかが、チームの作業速度を左右します。

26.1　重要度と鮮度

　これまでに聞いた話や得た情報を元に考えてみて、自分には情報を分類するためのメンタルモデルがあることがわかりました。**図26-1**にその様子を示します。

　この図には2つの軸があります。縦軸は、ある情報の**重要度**を表しています。重要な情報とは、次のようなものです。

- ジェイクが辞めようとしている。
- 致命的なバグの報告率が急速に増加している。
- ついさっき終わったミーティングで、技術者と営業が険悪な雰囲気になった。

何も解決しておらず、みんな怒って帰っていった。

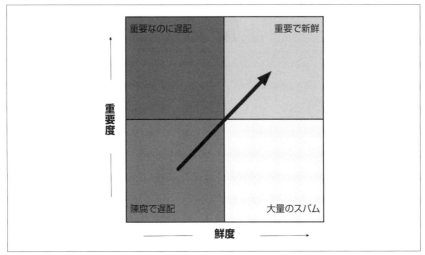

図26-1　情報の重要度と鮮度を判断する図

　この図が面白いのは横軸です。横軸が表しているのは**鮮度**です。これは、ある情報が、**その情報を受け取ることで最も価値を得る人**に届くまでの時間を総合的に測定します。混乱しましたか？　それなら、読み進めましょう。

　この図の解釈は、人によります。これは思考実験として考えて、いくつか別々のレンズを通して見る必要があります。まず、ある人にとっては重要な情報でも、別の人にとっては無関係な情報です。ジェイクの「辞めたい」という気持ちは、上司にとってはとても重要ですが、社外の人にとってはあまり関係ありません。さらに悪いことに、ジェイクに関する情報がジェイクの上司に届くまでに2週間かかると、情報の鮮度が落ち、上司が適切な行動を取るまでの時間が短くなってしまいます。

　組織の中の人は誰もが、この図を独自に解釈します。そして、この図の解釈が、情報ネットワークの健全性を表しているというのが、私の考えです。

26.2　情報ネットワーク

　情報ネットワークとは、利用可能なすべての情報源と、それらの情報源を経由して生成（または中継）されたすべての情報の組み合わせです。ネットワークの完成形は

人間とロボットの組み合わせですが、本章では人間の情報源に注目してみましょう。図の話に戻ります。

　普段の仕事を考えてみると、あなたは絶えず情報を発見しています。意図的であることもあれば、偶然であることもあります。ミーティングでも、廊下でも、カフェでも。仕事をしていると目まぐるしく情報が入ってきますが、脳はその情報を素早く消化し、解析し、パターンマッチングを行い、判断しなければなりません。これは何？　どのくらい重要だろうか？　これについて何をしようか？　誰かに引き継ぐべきだろうか？　そうだとしたら誰に？

　この図の各象限は、ある情報に対する異なる評価を表しています。それらを見ていきましょう。

陳腐で遅配

　左下の象限は、最もつまらないものです。ここに置かれる情報は関連性がなく、新鮮さもありませんが、誰も気にしません。メッセージ性が低く、陳腐化しているので、行動する必要もありません。

大量のスパム

　右下の象限は、あまり気になりません。重要度の低い情報を扱っていることに変わりはありませんが、右に行くほど情報の鮮度が増していきます。きっと無駄なことをすぐにたくさん覚えてしまうのでしょう。極端に言えば、スパムです。組織は、情報をあちこちに移動させることにエネルギーを費やします。この象限に当てはまる情報が多い場合、チームの全体的な効率が心配になります。もし、あなたが日常的に無駄な情報をたくさん目にしているとしたら、チームの他の人たちはどうでしょうか？　メッセージを受け取ろうと、ノイズの中から探し出すために、チームはどれだけの時間をかけているのでしょうか？　重要な情報を探し出すのにどれだけの時間を無駄にしているでしょうか？[1]

---

[1] 陰口について。簡単に言うと、ここに現れる情報の中には陰口もあります。中途半端な事実に基づく見解が、事実のように伝わるのです。陰口を聞くと私のスイッチが入ります。多くの場合、最悪の社内政治の前兆であることが多いからですが、陰口はメッセージでもあります。腹を立てたり、「そんなことを言うのは誰だ？」と考えることに時間を費やしたりするのではなく、私はその陰口を分析することにしました。この扇情的な陰口には、どんな合理的な問いが隠されているのだろうか？　どんな観察をしようとしているのだろうか？　ただし、この方法は必ずしもうまくいくとは限りません。

重要で新鮮

右上の象限は、あなたの情報のスイートスポットです。重要な情報が直ちに届いています。そう、すべての情報がもっと上や右にあれば最高なのですが、この象限に情報があるということは、一つの成果です。ここの情報を見ても、驚くことはまずありません。情報があなたに届いたとき、その情報は新鮮です。明らかに誰かがこのようなひどい決断をしたのであり、その人を正しい方向に導くための時間が十分あります。

重要なのに遅配

最後の象限である左上は、危険地帯です。重要な情報が、それを最も必要としている人に届くのが遅いことが、組織の悩みの種となっていますが、その理由を説明するためには一節を割く必要があります。

26.3　びっくりさせない

「メンバーオンリー（会員以外お断り）」は、有名ではないスタートアップに勤めていた頃の上司のあだ名です。そのマネージャーは古典的なマネジメント手法を数多く行っていました。一日中何をしているのかわかりませんでしたし、1on1の予定を組むこともほとんどなく、組んだとしても予告せずになくなることがよくありました。そして、いざ会議室で捕まえて、重要な問題を突きつけると、その時に思いついた結論に飛びついて、それを事実として述べました[2]。

「メンバーオンリー」は、シンプルで簡潔なマネジメント宣言が好きで、そのことがずっと印象に残っています。彼が参画した最初の週に言われたのは「びっくりさせるな」でした。

「メンバーオンリー」のこの言葉から受けた印象は、寛大なものではありませんでした。私の理解は、「自分が周りに悪い印象を与えないように、何が起きているのかを知らせておいてくれ」ということでした。**もしかしたら**、彼が言いたかったのは（わかりませんが）、「私たちチームができるだけ早く最高の情報を得て、できる限り早く最高の判断を下せるようにしてくれ」ということだったのかもしれません。

情報が常に「重要なのに遅配」の象限に入るということは、びっくりすることがあるということです。チーム内で発生した予想外の展開を、発生から**長い時間が経って**

---

[2]　『Managing Humans』の初期資料の多くは、この時期に作成されました。

から発見することになるのです。行動すべき時が過ぎてしまったため、対応できません。結論はもう過去のものになってしまっています。

　重要な情報を素早く流すために必要だと思われるプロセスやツール、成果物には多くの時間とお金を投資することができますが、私が一貫して投資しているのはチームです。私がここでお見せしたのは、組織全体で情報を効果的に察知して、評価し、誰に知らせるべきかを考え、伝えることの価値です。

26.4　情報通

　私は次のような評価を、毎日自分の中で行う指標を持っています。「どれだけ重要な情報を発見できたか？」「また、その鮮度は？」　急速に成長する組織では、1日に生み出される新しい情報の量が日々増えていきます。

　健全な情報の流れを確保することが、リーダーとして実施すべき大切なことだ、という主張に合意できるなら、私がなぜ1on1のミーティングを熱心に行っているかを理解できると思います。1on1は、私が気にかけている重要な情報を明確にし、チームが必要としている重要な情報を一貫して共有するための定期的なミーティングです。ただし、決して完璧な取引ではありません。私はよく、スパムにすぎないものを、大切な情報だと勘違いしてしまいます。あなたもそうでしょう。時間をかけて、見直しを行います。そのうち、1on1を待たずに情報を伝えるようになります。「この情報は、早くしかるべき人の手に渡るほど価値が高い」と直感的に理解するようになるからです。

　あなたが効果的にリーダーを務められるかどうかは、あなたが日々下す決断の総合的な質にかかっています。多くの決断には、時間をかけることができます。必要な情報が集まるまで、何日でも何週間でも待てるのです。しかし、**今すぐ決断しなければ**ならないこともあります。その時、あなたの培った情報ネットワークが健全かどうか、重要な情報がどれだけタイムリーに届いているかによって、十分な情報に基づいた決断ができるか、コインを投げて表か裏かを賭けるハメになるかが決まります。

　情報ネットワークの健全性は、チームの健全性を示す一つのレンズです。重要な情報が組織内を自由に行き来するようになれば、びっくりすることが減り、意思決定の質が向上し、信頼関係が構築されます。あなたのチームはあなたの情報ネットワークであり、あなたはチームメンバーの情報ネットワークです。情報通を見つけ、育てましょう。

27章
貴重な1時間

私が忙しいことが他人にわかってしまうのは、文章のまとまりが悪くなるせいだと言われています。これは主にメールで起こる現象で、言葉が抜け落ちたり、文章がぐちゃぐちゃになったり、論理が破綻したりします。「ランズさん、あのメールでは文字通り何を聞かれているのかわかりませんでした」

メールの書き方が下手なのは、猛烈に忙しいことに関する警告の初期段階です。確かに、メールの校正をする時間はないけれど、メールは送ります。少なくとも何かを成し遂げました。さらに行き過ぎると、錯乱状態に陥ります。そんなことはとても受け入れられませんが、ある時点で理不尽なプライドが頭の中に生まれます。「私を見てくれ！ どれほど重要人物だと思うんだ。こんなに忙しいのに」

この理不尽なプライドこそ検討したいと考えています。なぜなら、その背後には深刻な危機的状況が隠されているからです。

27.1 忙しさは魅惑的

午前7時15分。机に向かって、カレンダーを立ち上げ、1日の流れを確認します。45分後から始まる6回のミーティング。どれも欠席できず、どれも進捗につながる可能性があります。素晴らしい。Todoリストを確認し、バックログを調べます。45分あり、未着手の課題が23個あります。どこから手をつければいいのでしょうか？ 例えば、1週間前からジョーに電話しようと思っていました。今から電話してみます。

午前7時25分。ジョーと私は朝のコーヒーの習慣が似ているので、話の内容は広範囲にわたります。10分で3つのテーマを終えました。私は今、単にタスクを終わらせるだけでなく、スピード感を持って終わらせることに喜びを感じています。この猛烈な勢いを利用して、次は何をしようかな？ 自分の生産性を期待より高められること

が他にありますか？

　午前7時30分。さて、今、私は絶好調です。メールに目を通し、キーボードの横にある紙にタスクを書き込みます。何かシステムに入力するより、紙に書いたほうが早いと思っているからです。（ふーん？）　そんなことはどうでもいいのですが、仕事がはかどるのはいいことです。これを繰り返します。もう一つ仕事を片付け、コーヒーを一口飲み、朝8時が近づくと、今度は頭の中が忙しさでいっぱいになってきます。

　ゾーンとは、目の前の問題に全力で取り組んでいるときの、よく知られた精神状態のことを言います。まず、時間をかけて問題の全貌を頭に入れることで、つかの間の貴重な集中力を使って、大掛かりで創造的な精神的跳躍ができます。朝8時のミーティングまでの45分間、私はゾーンに入ることができませんでした。しかし、私の脳には内緒です。ゾーンに入っているよう錯覚させるために苦労したのですから。大量のデータを扱い、目的意識を持ち、大量のコーヒーを飲みました。しかし、私はゾーンに入っていないのです。ただ、忙しいだけです。

27.2　偽ゾーン

　エンジニアがリーダーやマネージャーになると、プロとしての満足度にギャップが生じます。彼らは、自分がリーダーになるよりだいぶ前からこのギャップを観察し、自問していました。「私の上司は一日中**何をしている**のだろう？　どこかで火事が起きているかのように走り回っているのを見かけますが、……実際には何をしているのでしょうか？」　この質問はやがて個人攻撃のようになります。新米マネージャーが、リーダーとしての生活は、ちょっとしたことの無限の積み重ねであり、そういうものが集まって忙しくなってしまう割に、あまり進捗しているようには感じられないということをやがて理解し始めるのです。

　エンジニアがゾーンにいるときに受けるポジティブなフィードバックは、文字通り魔法をかけられたような感覚です。自分の頭の中にすっかり問題が入っていて、そこに恐ろしいほどの集中力が掛け合わされると、普段の自分にはまず不可能な価値を生み出すのです。そして、この価値を即座に生める状態、それがハイな状態です。

　リーダーやマネージャーはゾーンによるハイにたどり着きたいと思っていますが、実際に実現することはまずありません。リーダーとしてやるべきことが、ゾーンに到達するための必要条件と真っ向から矛盾しているためです。リーダーは10分、15分と時間をかけて考えることができないため、問題について必要な知識を得るための時間がないことが多いのです。

　このまったく脈絡のない状況を補うために構築された驚くべきスキルには感心させられます。あなたの上司が、ミーティング中に何が起こるかまったくわからない状態でミーティングに参加したことが何度あるか、信じられないでしょう。マネージャーは、積極的に背景を把握するスキルを身につけています。マネージャーは部屋に入ると、それが誰のミーティングなのかをすぐに把握し、最初の5分間は、ミーティングの目的を理解すべく真剣に耳を傾けます。その間も参加者に向けて「はい、はい、何でもわかってますよ」という表情を浮かべることを忘れません。

　このように背景を把握するスキルと同様に、私たちは、ある心理的なプロセスを構築していると確信しています。それは、割り込みの多いライフスタイルのせいで失われている高揚感を与えてくれるのです。私たちが作ったのは**偽ゾーン**です。

　朝8時のミーティングまでの45分間、私はゾーンには入りませんでしたが、偽ゾーンには入りました。偽ゾーンは、ゾーンと同じように、生産性や満足感を生み出すことを目的としたものです。しかし、精神、化学の両面で中毒性はあるものの、創造的な価値を持たない、まったく偽物のゾーンです。偽ゾーンでは、実際には何も作っていません。

27.3　貴重な1時間

　偽ゾーンに頻繁に出入りしている私は、その偽の生産性の旨みをよくわかっています。私にとって、ToDoリストを読み解くことには実質的な価値があります。重要なことを完了させる。他の人の阻害要因を取り除く。重要な情報をA地点からB地点に移動させる。「この項目をリストから消すぞ……そう。いいね」　物事を成し遂げるためには欠かせないとはいえ、偽ゾーンは実際のゾーンの代わりにはなりません。いくらミーティングをしても、ToDoを消しても……ゾーンでないことには代わりないのです。自分が本当に生産している、モノを作っているという感覚は偽物です。

　自分自身が無用の長物になってしまうのではないかと恐れるのは、何十年にもわたって周りの技術業界の人々がまさにそうなっているのを見てきたからです。つまり、自分では重要だと信じ込んでいることでも、実際には忙しさに紛れた偽物にすぎないということです。ある日、彼らはキーボードから顔を上げて、正直に尋ねます。「わかった。ところで、Dropboxって何だ？」

　ひどい話です。

　家族と過ごすこと以外で、私が1週間の中で圧倒的に好きな時間は、土曜日の朝です。少し寝坊して、2階に上がり、コーヒーを淹れ始めて、ふらふらとパソコンに向

かいます。Dropboxに「最新のランズの記事」というフォルダがあり、今現在、65本の記事が進行中です。インターネットでひとしきり検索した後、貴重な時間が始まります。私は好きな音楽をかけ、画面の中央には言葉が並びます。その瞬間、私は明らかに忙しくなく、仕事もしておらず、何かを作っています。この時間が毎日あればいいのに。

2月の初めから、私はある変化を起こしました。毎日、貴重な1時間を確保して、何かを作っていました。

毎日、1時間。何があっても、

毎日？　そうです。週末も含みます。

1時間？　そうです、ピッタリ1時間。余裕があればもっと。

何をする時間？　「モノを作る」という定義は正確ではありませんが、私が知っているのは、こういうことです。ToDoリストを処理し、iPhoneをそっと遠ざけておきましょう。扉のある棚があれば、そこにしまってください。ウィキペディアを好き勝手に調べたり、熱心に文章を書いたり、サイトの出来を延々といじったりしているうちに、充実した1時間を過ごすことができます。

何があっても？　スタートしてから、実際に自分の時間にたどり着く成功率は、だいたい50％くらいです。言い訳は様々ですが、データには説得力があります。打率が5割であっても、私は文章をより多く書き、より多くのものをいじり、そして最も重要なことには、今月だけで8時間以上を費やして、私が最も大切だと思う脳の使い方をしました。つまり創造力の源を動かしたのです。

自由な時間が毎月8時間あったら、どんなものを作りますか？

27.4　タチの悪い状況

忙しいと意図して騒ぐにも、適切な時と場所があります。感動的なものを作り上げるチームにとって、忙しくなってしまうことは本質的には避けられません。そして、この忙しさを一貫してうまくさばくことで報酬を得られるのです。このようなポジティブなフィードバックは、「忙しければ忙しいほど、もっとたくさん報酬が得られるのではないか」という誤った思い込みにつながります。このことは、「あまりに忙しいせいで、本当は忙しいのにそれを意識できていないことがある」というタチの悪い事実によってさらに悪化します。実際に忙しく過ごした時間を、自分の中で測ることはできません。

私の貴重な1時間では、静かであることを意識しています。この沈黙の間、私が考

えるために作った時間以外には、何もなかったのかもしれません。私は、魅力的な小さなやるべきことの流れを断ち切り、同じように印象的な忙しい仕事をこなす聡明な人々から自分を引き離し、自分が考えていることに耳を傾けます。

　毎日、1時間、何があっても。

28章
メンターを探せ

「そこから逃げろ、ロップ」

唖然_{あぜん}としました。本当に驚いたのです。こんなアドバイスをされるとは予想しませんでした。数ヶ月後、私は気づきました。

私があの場所から適切なタイミングで「逃げ出す」ことができたのは、この人から、この正確なタイミングで、このきわめて的確なアドバイスを受けたからだったのです。その意外で興味深く役に立つアドバイスをくれたのは、私のメンターでした。その人の名前はマーティ。

小さなことを選んで学び、実践するという行為自体は、簡単です。難しいのは、その小さなことがなぜ自分の心に響くのかを自分で発見することです。メンターを見つける必要があることは何年も前から知っていましたし、人から言われてもいましたが、その考えを行動に移したのは、初めてディレクターになったとき、つまり自分の状況が本当にひどかったときでした。

28.1　何も問題ないでしょう？

初めてのディレクターです。私が昇進した理由は、リーダーシップに関する本を何冊か書いていたこと、そして、当時の会社でサポートしてくれる優秀な人間の強力なネットワークを構築していたことにあります。新しい空気をもたらす人材が求められていましたが、その役割は定義が不十分で、技術チームを運営しているわけでもありませんでした。何も問題ない？　いえ、かなり問題です。

長年培ってきたリーダーとしてのスキルは役に立ちましたが、例えば人事のような別の仕事に関する膨大な背景を素早く収集する術はもっていませんでした。私にはリーダーとしての能力がありましたが、その事業に関する経験はなかったため、半年

も経たないうちに仕事が横ばいになってしまいました。私は、人には何度も言っていたのに、自分ではまだやっていなかったアドバイスを実行しました。つまり、後に私のメンターとなる外部の人を雇って、私の仕事ぶりを360度評価してもらったのです。

　360度評価は次のように進みます。

1. **外部のコンサルタントを雇う。**中立な立場の人が必要です。
2. **コンサルタントに同僚のリストを提供する。**リストに載っているのは、あなたの指示で動く人や、仲間、上司、必要であれば上司の仲間です。それが360度という言葉の由来です。あなたは、自分の仕事の領域において、あらゆるタイプの人の視点や経験に興味を持っています。
3. **コンサルタントはこうした人全員にインタビューをする。**すべてのインタビュー対象者に同じ質問を投げかけ、2つのことを探っていきます。「ロップは何が得意なのか？」「ロップが助けを必要としているのは何か？」
4. **コンサルタントは、インタビューのフィードバックを匿名化して集計し、360度評価の結果を一緒に検討する。**私の場合は、2列に印刷された文書が提示されました。
   A列：ロップが得意なこと。　B列：ロップが助けを必要としていること。

　なぜ私が1on1を説くのか、知りたいですか？　なぜ私がフィードバックの重要性を口うるさく言うのか、知りたいですか？　その答えは突き詰めれば、最初の360度評価のフィードバックを受け取った瞬間が私に与えた影響にあります。そのフィードバックは、後にコーチとなるマーティによって伝えられました。

28.2　不意打ち

　マーティは、私のオフィスで向かいに座り、匿名で集約されたフィードバックを私に手渡して言いました。「手厳しいことを先に読みたいでしょうが、まずは良いことから始めましょう」

　良いことも書かれていました。前にも聞いたことのあるほめ言葉と、新しいほめ言葉。「得意なこと」は1ページを埋め尽くしていました。一方で「助けが必要なこと」は3ページにわたって掲載されていました。そのフィードバックを読んだことで、ずっと後まで残る重要な教訓を学べました。人は面と向かって建設的なフィードバックをするのが苦手だということです。

マーティの個人インタビューは30分から60分でした。フィードバックを理解し、具体的に掘り下げ、明確にすることに時間を費やしたのです。フィードバックを効果的に私に伝えるためです。マーティは複数の視点を持っていたので、同じようなテーマを耳にしても、より深く掘り下げることができました。それが1人の意見ではなく、チームの意見であることがわかっていたからです。マーティは共感的な人だったので、どのようなフィードバックが心に刺さるのかを知っていて、私が避けて通れない質問に答えられるように、掘り下げてくれたのです。

良いフィードバックを読み終えたあと、手厳しいフィードバックに着手しました。この時点でのマーティのアドバイスです。「手を止めずに最後まで読むこと。息をすることを忘れずに」

良いフィードバックと同様に、改善すべき点にも、びっくりするようなものはありませんでした。B列には、この1年間で聞いたことも考えたこともないようなフィードバックはなかったのです。しかし、結果を集計してくれていたので、チームが私の仕事ぶりをどのように感じているかを明確に把握することができました……おそらく私のキャリアの中で初めてのことです。

スタッフミーティングで語られたちょっとした言葉。2週間前に、信頼できる人が実際のフィードバックをうやむやにしたときにしたときの議論。私がそのプロジェクトに志願するために手を挙げた時に生まれた、あのミーティングの不思議な雰囲気。「仕事を抱えすぎ。ノーと言わない。争いごとを避ける。ストレスがかかると雑になる」　B列は、人生で受けたフィードバックの中でも、最も集中的なものでした。

マーティは見事な仕事ぶりで導いてくれました。フィードバックについて、よりはっきりした説明を求めれば、明確にしてくれました。私がフィードバックの優先度や重要度を尋ねたとき、自信を持って答えてくれました。フィードバックは匿名化するために大幅に編集されていたので、私は自分のチームに関する誰か1人の意見にこだわることはありませんでした。マーティはフィードバックを完全に私に向けて行ったのです。

この作業はとても疲れるものでした。そして、マーティはこう言いました。「時間をかけて、じっくり考えてください。1週間後にまたお会いしましょう。そこからが本当の仕事の始まりですから」

マーティは「フィードバックは贈り物」というフレーズを教えてくれました。このフレーズのおかげで、批判的なフィードバックを受けることへの恐怖心が取り除かれ、役立つものを受け取ろうとしているのだと自信を持って思えるようになりました。このフレーズに対する別の解釈も見つけました。おわかりでしょうか。フィード

バックで大切なのは、受け取るだけでなく、包装を解かなければならないのです。

　2回目のミーティングでは、マーティと私は、フィードバックに関して私が噛み砕いた建設的な考えについて検討しました。このミーティングの目的は、まだ引っかかっている質問に答えることと、そして私がどこへ進むべきかを考えることでした。

　「マーティ、ここには多くがあります。何から手をつけていいかわかりません」

　「ロップ、一番大事なことを選んでください」

　「マーティ、それは何だと思いますか？」

　「あなたにとって一番大切なものです」

　マーティが私の質問に答えていないことにお気づきでしょう。おうむ返しをしていたのです。私に質問に答えさせました。ここで、本章のテーマが、フィードバックの価値ではなく、**メンターを見つけること**だと思い出してください。

28.3　メンターの条件

　私はあなたではないので、私がメンターに求めるものは、あなたが必要とするものとは違うかもしれません。360度評価から始めたのは、まだメンターがいない人は、360度評価をすれば、自分が取り組むべき領域を示す地図の出発点を知ることができ、それがメンターにつながるからです。私の場合は、自分で言葉を発することを通じて真実を見つけることの手助けをしてくれる人が必要でした。

　内向的な私は、何も言わずにいるのが得意です。私には、話を引き出すためのコミュニケーションツールが豊富にあります。話題がないのではなく、話すという行為が私にとっては気詰まりなのです。一歩下がってあなたの話を聞き、その話に反応する方がはるかに簡単です。これらのコミュニケーションツールは、リーダーとしての優れたスキルにつながることがわかりました。がんばれ、内向的な人たち。

　マーティは私に話をさせます。普段聞き役に徹している私にとっては、一仕事です。マーティと初めて行った360度評価後のセッションでは、苦しい沈黙が続きました。マーティが問いを投げかけ、私は問い返すのですが、彼は何も言わないのです。その質問は、私が答えるべきものでした。

　そして、マーティは待っていました。

　いくらでも待ったのです。

　お互いに見つめ合い、マーティが微笑むと、私はようやく質問に答えることができました。

　その時間は、自分の考えを整理するために必要だったからです。マーティがどう考

えているかは確かに重要ですが、私たちがそこに座っていた理由は、私の考えを掘り起こし、それを批判的に検討し、そしてやるべき仕事を見出すためでした。

マーティと私が行った最初のワークは、私の注意をすべて他に向けるのをやめて、自分に集中させることでした。フィードバックを受けてどう感じたか？　自分がどこを改善しなければならないと思ったのか？　そして、自分はどうすればいいのか？

28.4　「逃げろ」

これは、数年後にマーティが私にくれたアドバイスです。2つの仕事を経た後の話です。これまでのように回りくどい言い方をするのではなく、明確に、生き生きと、そして直接的にアドバイスしてくれました。マーティが私のオフィスに来たとき、私はできる限り客観的かつ公平に落ち込んでいる現状を伝えました。私が考えていた様々な戦略を説明すると、マーティが爆弾を投下しました。

なぜそのときに？　何年にもわたって私から考えを引き出し、真実を見つけ、集中的な行動計画を練ってきたのに、なぜ彼はこのような思い切った行動を提案したのでしょうか？

私のメンターなので、最初の3つのステップをスキップしただけです。彼は長年の会話の末に、新たに発見すべき考えも、定義すべき真実もない以上、行動すべき時が来たことを理解したのです。このような信頼関係を築けている相手は片手で数えられるほどしかいません。

リーダーには「トップは孤独である」という言い回しがあります。リーダーとしての責任を果たすためには、自分とチームの間に明確な仕事上の距離を定める必要があります。友好的ではあっても、友達ではありません。これはほとんどの場合に当てはまります。

仕事上で距離をおかなければいけないからといって、誰一人近づけてはならないということではありません。身内は必要です。あなたのことをよく知っている身内です。多様なチームが必要なのと同じ理由で、そういう人が必要なのです。様々な視点が集まれば、十分な情報に基づいた議論ができるようになり、より優れた判断ができるようになります。

そして、忘れてはいけないのは、あなたはリーダーとしてまだ成長途中だということです。

29章
ランズ流仕事術

やあ、我らのチームへようこそ。あなたが我が社に来てくれたことを、とてもうれしく思います。

ここのことを理解するには、丸々四半期が必要になります。第一印象の重要性は理解していますし、うまくいったと思いたいのもわかりますが、ここは複雑な場所で、同じように複雑な人が集まっています。時間をかけて、全員と会い、すべてのミーティングに出席し、メモを取り、あらゆる質問をしてみてください。特に、よくわからない略語や絵文字については。

私たちが定義しなければならない仕事上の関係性の一つは、私たちの関係性です。これからお話しするのは、私にとってのユーザーガイドであり、私の仕事の仕方です。これを読めば、私と一緒に仕事をするいつもの1週間をどう過ごすことになるのか、私がどのように仕事をしたいか、私の揺るがない原則、そして私の、まあその、気質を表現したものです。これを読んでもらうことで、私たちの仕事上の関係性が急速に近づくことを期待しています[†1]。

29.1　いつもの1週間

「緊急事態」（下記参照）の場合を除き、毎週、少なくとも30分間の1on1を実施します。このミーティングは、最新情報ではなく、本質的な話題を話し合うためのものです。Slackのプライベートチャンネルを作っていますが、目的は、これから1on1で

---

†1　推測：この資料の中には、あなたがマネージャーにやってもらいたいと思っているアイデアがあります。主張：私が実践していることや持っている信念が、そのままあなたの上司に当てはまるとは限りません。提案：上司に、私のやり方や信念が良いと思うかどうか聞いて、どうなるか見てみましょう。フィードバックは贈り物です。

話し合う内容を記録するため、そして、過去に話し合った内容を記録するためです。どちらかが話題を思いついたら、そのチャンネルに書き込みましょう。

　毎週60分、何があっても、同僚とのスタッフミーティングを行います。1on1とは異なり、チーム全員がアジェンダに挙げられた議題を把握できるように、資料を用意します。1on1と同様に、このミーティングでは進捗状況について議論するのではなく、チーム全体に影響を与える本質的な課題について議論します。

　24時間いつでも、Slackで声をかけてください。できる限り、すぐに返信します。

　私が旅行する場合には、事前に旅行予定についてお知らせします。時差を考慮しつつ、ミーティングはすべて実施します。

　週末は少しだけ仕事をしています。私が好きにやっていることですので、**あなたに週末に仕事するよう期待しているわけではありません**。Slackを送ることがあるかもしれませんが、「緊急」のものでなければ、月曜日に仕事を始めてから対応してくれれば構いません。

　私は休暇を取ります。あなたもそうしてください。仕事から切り離されているときこそ、最高の仕事ができるのです。

29.2　揺るがない原則

　人が最優先。生産的な人が幸せに働いていて、必要な情報を手に入れているときこそ、素晴らしい製品を作れると信じています。私は人を最優先に物事を最適化します。リーダーによっては、ビジネスやテクノロジーなど、他にも色々ある重要な側面を最大限に活用しようとするでしょう。イデオロギーの多様性は、効率的なチームを作る鍵となります。あらゆるものの見方が重要であり、こうしたリーダーがみんな必要なのですが、私自身は人の生産性を上げることにこだわっているのです。

　リーダーシップはどこでも発揮できます。妻にはよく、私が仕事を始めてからの10年間、ミーティングが嫌いだったことをからかわれます。その通り。私は、ひどいマネージャーの運営するミーティングで、多くの時間を無駄にしてきました。エンジニアという立場に立つと、私自身マネージャーなのに、マネージャーに対して疑いの目を向けます。マネージャーは、人数の増えている組織に不可欠な存在であることは間違いありません。しかし、マネージャーがリーダーシップを独占しているとは考えられず、マネージャーではない人が効果的にリーダーシップを発揮できるような仕組みや機会をチーム内に作るよう努力しています。

　物事をシステムとしてとらえます。私は、（人を含む）複雑なものを、すべてシステ

ムに還元します。私はフローチャートで考えます。こうしたシステムやフローチャートがどのように組み合わされているのかを理解できると、とてもうれしく思います。システムの中に大小を問わず非効率な箇所が見つかったら、皆さんの力を借りて解決したいと思っています。

　重要なのは、人が公平に扱われることです。 ほとんどの人は正しいことをしようとしているのに、無意識のバイアスによって道を踏み外してしまうのだと思います。私は自分の偏見を理解し、それに対処しようと努力していますが、それは偏見が不公平を生み出すとわかっているからです。

　行動をきわめて重視します。 方向性を延々と議論するような長時間のミーティングは貴重なことも多いですが、学習して前に進むためには、まずは一歩を踏み出すことが一番だと思っています。これは必ずしも正しい戦略ではありません。この戦略は、議論が好きな人を悩ませます。

　小さなことをコツコツ修正し続けることで、素晴らしいことに到達できると信じています。私は、品質保証はすべての人の責任であり、いつでも、どこでも、修正すべきバグがあると考えています。

　私はまず、関係者全員が善意であることを前提にしています。 これは私のキャリアの中でうまくいっています。

　時には「緊急事態」になり、やり方が変わることを知っておいてください。 私が実践している多くの原則には例外があり、それは「緊急事態」のときです。通常、「緊急事態」とは、当社にとっての存亡の危機を意味します。その間、人やプロセス、製品に関する私のいつものやり方は、この脅威に対抗するために二の次になります。「緊急事態」であることが明らかでなければ、私がその旨を警告し、いつ終わるか推測します。このような状態が続くのであれば、何かが根本的におかしいということです。

29.3　フィードバックの作法

　私は、フィードバックがチームの信頼と尊敬を築くうえで最も大切だと確信しています。

　我が社では、年に2回、正式なフィードバックが行われます。このフィードバックの初回は、次のレビュー期間に向けて、OKR[†2]（https://oreil.ly/qEr4R）の案を作

---

†2　訳注：OKRは1970年代にIntelで始まった目標管理の仕組みで、GoogleやFacebookでも採用されています。Oとは目標（Objectives）、KRは主な結果（Key Results）を意味します。

成します。製品や技術のOKRではなく、あなたがプロとして成長するためのOKRです。このOKRの草稿と、チームからの前向きなフィードバックをミーティングの前にお送りしますので、事前に確認してください。

　対面のミーティングでは、次の期間のOKRについて話し合って合意します。そのうえで、私の仕事ぶりに対するフィードバックをくれるようお願いします。次のレビューでは、これまでのOKRに現状を照らし合わせ、必要に応じて新しいOKRを導入します。その繰り返しです。

　フィードバックをやり取りするのは、レビュー期間だけではありません。フィードバックは、1on1で何度も取り上げられるトピックになります。定期的に1on1で、私に対するフィードバックをもらおうと思っています。何度「フィードバックすることがない」と言われても、絶対にやめません。

　意見の相違はフィードバックであり、意見の違いを効率的に表明する方法を学べば、より早く（そしてより強く）お互いを信頼し、尊重することができるようになります。アイデアというものは、賛成されても洗練されません。

29.4　ミーティングの作法

　私はたくさんのミーティングに出席します。私は意図的にスケジュールを公開しています。私のスケジュールに載っているミーティングについて質問があれば、私に聞いてください。ミーティングがプライベートだったり機密だったりする場合は、タイトルや出席者が表示されません。ただし、私のミーティングの大半は、プライベートでも機密でもありません。

　私のミーティングの定義には、アジェンダや目的、適切な人数の生産的な出席者、そしてスケジュールに沿ってミーティングを運営する責任者を含みます。私がミーティングに出席するときは、時間通りに始まることを望みます。私がミーティングを運営しているときは、時間通りに始めます。自分がなぜミーティングに参加しているのかが明確でない場合は、なぜ自分が出席すべきか説明を求めます。

　ミーティングが始まるよりだいぶ前に資料を送ってもらえれば、私はミーティングの前に資料を読み、質問を用意しておきます。資料を読む時間がなければ、お伝えします。

　もし、ミーティングが予定よりも早く目的を終えたら、ミーティングを終えてみんなを解放しましょう。決められた時間内に目標が達成できないことが明らかな場合は、時間切れになる前にミーティングを中断し、後で終わらせる方法を決めましょう。

29.5　気質と正誤表

　私は**内向的な性格**です。そのため、人と長時間接していると疲れてしまうのです。不思議でしょう？　3人でのミーティングは最高です。8人までならなんとかなります。8人以上になると、私は妙に静かになってしまいます。私が黙っているからと言って、真剣でないと勘違いしないでください。

　1on1 が終わって時間が余っていたときのために、話し合うための議題を準備しておきます。これはブレインストーミングであり、課題は通常、私が普段気にしている、厄介なテーマです。くだらないことを言っているように感じるかもしれませんが、私たちがやっているのは現実の仕事です。

　私があなたに何かを頼んだとき、その定義が不十分だと感じたら、私に内容と重要性に関する説明を両方求めてください。私はまだブレインストーミングをしているかもしれません。こういう質問をすることで、誰もが時間を節約できます。

　質問は堂々とやってください。命令はそうではありません。私に何かを頼みたいときは、他の人ではなく私に頼んでください。私は堂々とした質問（「ランズ、○○を手伝ってくれませんか？」）に驚くほどよく反応します。何をすべきか命令されても（「ランズ、○○をしてくれ！」）、ほとんど反応しません。子供の頃からそうだったので、セラピーが必要かもしれません。

　大げさに言うこともありますが、それはほとんどの場合、その話題に興奮しているからです。私も時々悪口を言います。許してください。

　私は新しいことを始めるのが好きですが、その物事がどのように終わるのか見当がついてくると、興味を失ってしまうことがよくあります。それは、実際に物事が終わる数週間かもしれませんし、数ヶ月前かもしれません。許してください。この点については、マシになってきました。

　もし私が、ミーティング中に30秒以上スマホを操作していたら、何か言ってください。私は気が散っています。

　人が意見を事実のように述べるのを聞くと、スイッチが入ります。

　陰口に対しても、スイッチが入ります。

　この文書は今の私について書いているので、不完全かもしれません。頻繁に更新していますので、フィードバックをお聞かせください。

30章
揺るぎない優しさを

　私はDJと一緒にDestiny（https://www.destinythegame.com）をプレイしています。実際にDJに会ったことは一度しかありませんが、毎週のように、DJと私、そして十数人の常連が、それぞれの家のソファや机、椅子、クッションに座って、この豪華な一人称視点シューティングゲームの様々なステージに挑んでいます。

　Destinyの多くは1人でプレイすることもできます。様々な惑星でデイリーミッションがあります。そこでは、悪者を見つけて倒し、戦利品を回収します。また、デイリーストライクでは、見知らぬ2人のプレイヤーとペアを組み、もう少し難しいミッションに挑戦します。これは、正式にコミュニケーションをしなくてもできる、3対1の総力戦です。最後に、レイドがあります。レイドは、もっと時間のかかる複雑なミッションです。複数のプレイヤー同士で積極的にコミュニケーションをとり、連携することが求められます。つまり、誰かがさりげなくグループのリーダーになる必要があるのです。私にとって理想のレイドでは、DJがリーダーです。

　この章では、Destinyについて多くを説明しますが、本当のテーマはリーダーシップです。DJがレイドグループを率いて金星の「ガラスの塔」や月の「クロタの最期」に挑むのを何時間も聞いているうちに、私はDJのリーダーとしてのスタイルを何が支えているのかを学びました。DJは揺るぎなく優しいのです。

30.1　千差万別の個性と意見について

　YouTubeのコメント欄をご覧になったことのある方なら、インターネット上のパブリックスペースには、千差万別の個性や意見が集まることをご存知でしょう。人が意見を持つ権利は完全に尊重しますが、私の貴重な休憩時間に誰かの個性的な意見表明に興味を向けることはありません。休憩時間にDestinyをプレイすることで、私は

現実から逃げ出すことができます。なるべく日常生活に影響を与えないような、華やかなパズルを解きたいのです。そのようなパズルには、他の人が必要になることがよくあります。

　Destiny以前もマルチプレイヤーゲームをたくさんプレイした経験から、インターネットを通じて見知らぬ人たちのグループに参加することが厄介の元になることは承知しています。なんらかのレイドをきっかけに、何でもいいから永遠に語り続けようとする、「なんでも話し続ける」プレイヤーがいます。グループの経験値が自分より低いと、すぐに不満をぶちまける「知ったかぶり」プレイヤーもいます。

　私がDestinyについてオンラインで何度も書いてきた理由の一つは、ほぼ同じ経験をしている気の合うプレイヤーを何人か見つけるためでした[†1]。この実験は成功し、私のフレンドリストには常に20人から30人のプレイヤーが登録されています。このリストを見れば、Destinyの何をプレイするにしても、ちょっと手を動かせばグループを作れます。このような気の合うグループの中にも、多様性があります。意見や経験の違いがあるのです。それを踏まえて、改めてDJの話に戻りましょう。

30.2　レイドの仕組み

　レイドリーダーとしてDJがいかに難しい仕事をしているのかを理解するには、レイドの仕組みについて少し知っておく必要があります。「レイドの仕組み」と聞いて唖然とした方も、どうかお付き合いください。本章の目的は、あなたがどうすればもっと優れたリーダーになるための方法を説明することです。

　レイドを成功させるためには、まず優秀で協力的なプレイヤーが複数人必要です。レイドには、より強力な敵（ボス）が登場することが多く、特定の方法で攻略することで、レイド限定の戦利品を手に入れることができます。例えば、Destinyのある遭遇戦では、まずボスに対して複数のプレイヤーが同時に大ダメージを与えなければなりません。そうすることで、剣を持っている別のプレイヤー（その剣も別の敵から入手したもので、それもやはり協力攻撃で倒さなければなりません）が、ボスにダメージを与えられるようになります。この順序を正確に実行しないと、パーティ全員が即死してしまいます。これは、ワイプと呼ばれています。そうそう、この剣を振り回す動作を何度も行わないと、このボスを倒すことはできません。

[†1]　そう！　私はまだプレイしています。そう！　あなたと一緒にプレイしたいと思っています。私にメッセージを送って、Destiny Slackに参加してください。私はインターネット上にいます。

楽しいですよ。保証します。そして、それだけではありません。

この地球のあちこちで、ヘッドセットを通じて会話している6人の見知らぬ人たちが同じ時間帯に集まり、みんなでリーダーを決める必要があります。そのリーダーの仕事は、見知らぬ人たちの相対的な経験値をすばやく判断し、これから挑むレイドの仕組みについて誰が何を知る必要があるかを確認し、その仕組みをわかりやすく説明することです。遭遇戦が始まると、レイドリーダーはチームのパフォーマンスに応じて、リアルタイムに戦略を調整する必要があります。

メンバーたちは時間通りに来るとは限りません。メンバーたちは、一人称視点シューティングゲームやDestinyで様々な経験を積んでいます（どんなに経験豊富な人間でも、レイドの最中に失敗することはあります）。メンバーたちにも実際の生活があり、いきなり姿を消すことがあります。しかし、メンバーたちはみんな、ゲームを学んで上達したいと思っています。楽しいから。

30.3　大丈夫だよ。

レイドを何十回もこなしてきたDJは、リーダーとしてとるべき4つの行動を学び、一貫してそれを実践しています。

- DJは状況をわかりやすく説明します。できる限り何度も。穏やかに。
- DJはどんな質問に対しても、洞察に富んだ答えを用意しています。その分野の専門家になるために研究を重ねてきました。
- レイドが開始されると、彼は状況を監視し、リアルタイムにフィードバックし、他のプレイヤーに親切かつ教育的な方法でアドバイスを送ります。
- 災難に直面しても冷静さを失いません。

わかりやすいコミュニケーション、実証された専門知識、わかりやすく行動につながるフィードバック、そして落ち着いた性格。堅実なリーダーの性質について説明しましたが、まだ大切なことがあります。いいでしょうか、こうしたふるまいは、多くの人がやっているのをこれまで見てきました。DJが特別なのは、**常にこのようなリーダーである**ことです。私は、DJとプレイするたびに、時計のように正確にこうしたふるまいを期待するようになりました。私は良いリーダーになることを目指していますが、そうできない日もあります。よく眠れなかったとか、何も考えられない無駄なミーティングに1時間も座っていて、人に対する信頼を失ったとか、そういう理

由で。

　でも、DJ はいつもこういう良いリーダーなのです。2時間も戦って、まだうまくいっていないのに、家族と過ごすためにレイドから離脱する？　そんなときも、DJ は「大丈夫だよ、他の人を探すから……」と言っています。レイドのある場面で、何度やっても自分の役割を果たせず、結果的に何度もワイプが起きている？　「大丈夫だよ、少し違った戦略を試してみよう、いい？」　このレイドをプレイしたことがない？　レイドが始まる前に言わなかった？　「大丈夫だよ、私も初めてプレイした時のことを覚えているよ。覚えるのは楽しいよ。どんな仕組みか説明するね……」

　私は多くの人たちと多くのビデオゲームをしてきました。私はこれまで、様々な性格の人たちを導いたり、導かれたりしてきましたが、「揺るぎない優しさ」がもたらす一貫したわかりやすい結果を、これほどはっきりと目の当たりにしたことはありませんでした。DJ に続いて、私たちはうまくコミュニケーションを図り、お互いに学び、成功を祝い、失敗を心から笑うのです。

30.4　嫌なヤツについて

　ボランティア組織でリーダーを務めるのは、レイドのリーダーについて考えるのに一番いい方法かもしれません。共通の目標に向かって献身的に働き、その目標を支えるために時間を提供してくれる人たちがいます。ボランティア組織はほとんどが、レアな戦利品を獲得するよりはるかに崇高な使命を持っていますが、理論的には、親切心から時間を提供してくれるボランティアがいる場合、リーダーとしてのアプローチは違ったものになるのです。

　私は信じていることが2つあります。まず、ボランティア組織では、リーダーが揺るぎない優しさを持つことが欠かせません。チームはあなたが雇ったわけではありませんし、メンバーは多様な背景を持ち、動機も様々でしょうから、あなたの説明と導く力が鍵となります。できるだけ早くあなたが信頼できる人だと伝え、その道の専門家になれることが最優先です。ボランティアの人たちは、思い思いに去っていってしまうからです。災害時には、冷静で集中力のあるリーダーでなければなりません。リーダーとして、この性質は欠かせません。災害という言葉は極端ですが、ボランティアが「やらなければならない仕事」ではなく「自分で選んだ仕事」をしている世界では、想定外の事態が起きるのは当たり前です。

　2つ目は、揺るぎない優しさが、リーダーとしてどんな状況に置かれていたとしても、最善の方法であるということです。この章を読み進めていると、これまで説明し

てきたこととは正反対のリーダーを思い浮かべたことでしょう。独裁者だったり、マイクロマネージャーだったり、衝動的に怒鳴り散らしてばかりの伝説の人物だったり。そういう性格のおかげで成功していると思うかもしれませんし、もしかしたら本当にそうかもしれませんが、あなたはそんなリーダーになりたいと思いますか？

　私のようなリーダーではなく。

30.5　おみやげにお一つどうぞ

　この本には30のエッセンスが載っています。本書もまもなく幕ですが、あなたがどのエッセンスを選んだのか、そしてそれはなぜか、気になるところです。圧倒されました？　どこから手をつけていいかわからない？　一番簡単なものを選んで、今すぐ始めてください。難しいのは、選ぶことではありません。そのエッセンスがなぜ重要なのか、それを通じて、自分がどうやってより良いリーダーになれるのかを見出すのが難しいのです。

　私の場合、この1年は信頼性を重視してきました。あなたが私に何かをやるよう頼むときには、私が必ずやり遂げるとあなたに信じてほしかったのです。その前の年は、私は大組織におけるコミュニケーションの研究をしていました。自分のチーム、自分の組織、自分の会社の人間一人一人とコミュニケーションをとるための最も効率的な方法は何だったでしょう？　わかりますか？　コミュニケーションには様々な方法がありますが、私が見つけた最良のアプローチは、完璧なアプローチはできないことを認め、常に学び続けることです。

　その一方で、変わることのないリーダーシップの原則（エッセンス）が一握りはあって、私はそれをいつまでも忘れないようにしています。最も重要なことはなんでしょう？　どんな状況でも、私の基本的な考え方は「**優しさ**」です。私が失敗したからと、あなたがミーティングで攻撃的になったら？　それでも、優しさです。「失敗してしまって、申し訳ありませんでした」　人間を怒らせたり、不信感をあおったりするような悪質なうわさ話を聞いたら？　それでも、優しさです。「確かに、それは事実ではありません。でも、誰かが明らかに、重要なことを言おうとしているんですね」

　リーダーシップとは、他人に見せるために選ぶ服であり、私は揺るぎない優しさを選びます。

エピローグ：
聞いた話によると……

　私たちはチームです。私たちの目の前には、誰も登ったことのない山があります
が、あなたは私たちが登れると心底信じています。さらに重要なことは、私たちの前
に立ち、山を指差し、その困難な頂上をどうやって制覇するかという説得力のあるス
トーリーを語れるということです。

　手ぶりを交え、声の抑揚でしかるべきところを強調し、自分の考えを的確に表現し
ます。緊張感を生み出すために、少し間を置きます。あなたは自分のことを話してい
るのではなく、私たち全員のことを話しているのであり、この困難な仕事をどうやっ
てみんなで達成するかを話しているのです。

　あなたの話は魅力的ですが、具体性に欠けています。私たちはそれでも気にしませ
ん。みんな、不可能を可能にしたいと願っていますし、さらに言えば、あなたがス
トーリーを語る、その語り口が好きなのですから。私たちはあなたを信じています。
こうして信じているので、具体的な次のステップが示されなくても良いと思っている
のです。私たちには感情があります。あなたの態度や話し方のおかげで、私たちはこ
の困難な旅についていこうと心から思えました。

　**これがビジョンです。リーダーとしてのスキルを駆使して、あなたはビジョンを描
いているのです。**

　登るべき山は目の前にそびえ立っています。この至難の業をどうやって実現するの
でしょう。ありがたいことに、私たちにはあなたがついています。ここからは計画を
立てていきます。

　あなたは質問から始めます。山はどのくらい高いのか？　どのような障害を意識し
なければならないのか？　頂上はどこか？　頂上への最善の道筋は？　代わりの道
は？　一緒に登る人は何人いて、登山に十分な体力はあるか？　それぞれの強みと弱
みは？　それぞれのタスクを実行するための最適なチーム構成とは？　登山中の予期

せぬ展開に備えて、どのような復旧策を考えておく必要があるか？

　質問は無限にあるので、まずどの順で質問に答えてもらうべきかを判断します。次に、これらの質問の多くに答えるタスクを、チームの他のメンバーに任せます。そのためには、まずあなたのビジョンを思い出させ、質問の相対的な重要性を説明し、いつまでに答えを知る必要があるのかを定義します。そして、毎回必ず、「この**大事なことをあなたに任せます**」と締めくくります。

　答えだけからではなく、チームが答えを見つけていく過程からも、あなたは学びを得ます。メンバーの発見により、あなたは自分のメンタルモデルを書き換えます。この困難なタスクを達成する方法だけでなく、あなたが頼る必要のある人間の能力や気質についてもです。

　対立する意見。紛らわしいデータ。予期せぬ展開。対人関係の対立。私たちは時々、ビジョンが示す至福の瞬間を見失い、絶望することがあります。「**私にできるかどうかわからない**」と。あなたはこう即答します。「困難なことに思えます。もちろん大変ですが、一緒にやって行きましょう。やり方を説明します」

　そして、あなたは実行します。

　回答をすべて集めて、信頼できる計画の草稿を作り上げました。信頼できるアドバイザーを見つけて、計画の詳細を検討してもらいます。アドバイザーは臆することなく真実を語ってくれます。あなたはアドバイザーの語る真実に熱心に耳を傾けます。それを繰り返します。最後に、私たち全員の前に立って、もう一度ビジョンを説明し、明確な戦略に基づいて計画を実行する方法を教えてくれます。

　「私たちはこの山を登ります。皆さんの苦労のおかげで、戦略が立てられました。どのようにチームを組織し、どのように一日一日を過ごしていくのかという、この先の道筋が把握できたのです」　山を描き、これから歩む登山道を描き、登山道に沿って標識を描き、登山の各ステップがどのように進むのかを説明するのです。

　私たちには質問がたくさんあります。でも、あなたが、その質問に雄弁かつ完璧に答えてくれるので、私たちは自信がつきます。誰も登ったことのない山なので、まだ怖さはありますが、みんなで描いた絵を見ているので、必ずできると信じています。

　これは戦略です。あなたは、ビジョンを支える戦略を定義するために、リーダーとしてあらゆるスキルを駆使しています。

　登山を開始します。

　計画の実行、つまり戦術が一番難しいのですが、しばらくは誰もこのことを信じてくれませんでした。私たちは楽観的で、エネルギーにあふれ、野心的で魅力的なビジョンを追い求めています。私たちは笑顔で、自分たちを奮い立たせ、そして登りま

す。私たちは頻繁に自分たちで作った計画を見て、先の兆候を読み取り、指示に従います。一歩ずつ。

　日が経つにつれ、計画の小さな欠点が見つかってきます。戦略では考慮できていなかった想定外の展開がありました。私たちは立ち止まり、チームを再編成して、これからどうすればいいか話し合います。あなたは耳を傾け、質問をし、素早く判断します。私たちは満足してうなずき、登山を続けます。

　何日か経ち、思いがけない発見が続きます。想定外のことが頻発すると、心配し始める人が何人か出てきます。絶望する声を耳にすると、あなたはすぐに現れて直接話をしてくれます。あなたは私たちにビジョンを思い出させてくれます。今取り組んでいることは、これまで誰もやったことがないことだと思い出させてくれますが、それには理由があります。それは、他の人間が賢くなかったとか、組織力がなかったとかではなく、単に不可能が可能になると信じていなかったからです。でも、私たちは信じています。

　あなたの熱意にあふれた言葉を聞いて、落ち着きを取り戻す人もいますが、信じられなくなった人もいます。山を登り続けますが、その課題の量は到底やり切れないように思えます。その人たちは私たちと山を登り切ることはありません。

　災害が発生します。予想外の展開どころか、驚くほど、完全に破滅的なことが起きます。さらに悪いことに、今回の災害のせいで、今回のミッションが実現不可能であり、我々の戦略には明らかに大きな欠陥があることがわかってしまいました。全員が動揺しています。あなたもです。誰かが「引き返すべきでしょうか」と問いかけると、賛同の声があがりました。チームがいかに絶望と不信に囚われているかがわかります。

　戦術の始まりです。あなたは、リーダーとしてのあらゆるスキルを発揮して、戦術を実行しました。ビジョンを達成するための戦略を支える戦術です。なんとか成功させるためには、判断力が必要です。

　そう、判断力です。自分の経験のすべてを蓄積した知恵。簡単にアクセスできる、情報に基づいたインスピレーション。判断力とは、単に意思決定するだけではなく、いつ意思決定すべきかを教えてくれるものです。止めるべきか、続けるべきか？　それぞれどのくらいコストがかかるか？　続けた場合どんなリスクがあるのか？　止めた場合に永遠に失ってしまうものは何か？　決断すべき時は今？

　あなたは私たちの前に立ち、絶望のつぶやきを耳にしながら、決断を下します。なぜなら、あなたはこの旅に説明責任を負っているからです。多くの人は、説明責任とは責任感のことだと考えていますが、あなたはそれが、**行動や意思決定の意味を説明**

することを求められたり、期待されたりすることだと理解しています。誰に対してでしょうか？　私たちに対して、説明をするため。私たちがなぜここにいるのかを語るため。なぜ、この困難なミッションを達成しなければならないのかを説得するため。継続するかどうかの意思決定と、目標達成のためにどのような変化が必要かをわかりやすく詳細に説明するため。

　あなたは決断します。「続けることにしよう」　その決断について説明します。「これまでとは違う進め方をしよう。やり方はこうだ」　ビジョンを繰り返し、今回修正された戦略とそれを支える戦術を繰り返します。あなたはこういうことを100回はやったと思っていますが、完遂するまでにはさらに100回やることになるでしょう。なぜなら、人はそれぞれの旅の中で異なる時期に異なるものを必要とするからです。

　野性的な熱意は消えました。信念が揺らいでいます。あなたの言葉をもってしても、去っていく人を思いとどまらせることはできませんが、残った人は深呼吸をして、自分がなぜそこにいるのかを思い出し、再び登り始めます。

幕間：テスト

　面接でリーダーとしてのスキルをどう評価すればいいでしょう？　この質問をよく耳にしますが、10回中9回は「一番最近辞めてもらった人のことを聞いてみてください」という思慮深い、しかし予想通りの答えが返ってきます。

　この質問は、「はい」か「いいえ」で答えるものではないので、良い質問だと思います。この質問が優れているのは、この質問をきっかけに複雑な人間関係に関わる議論ができるからです。しかし、人が辞めるということは、リーダーとして務める長い作戦の最後のステップです。これは重要な質問ですが、もっと重要な質問があります。「なぜその人を手放さなければならなかったのですか？」「何をすれば違う結果になったでしょうか？」

　リーダーシップとは、あなたが大抵の場合に従うべき一連の原則のことです。その原則を書き留めてはいないかもしれませんが、コーヒーでも飲みながら話し合えば、すぐにいくつか出てくるでしょう。私の原則を一部ご紹介します。

- 私は、人間は公平に扱われるべきだと考えています。
- 私は、どこまでも頼りになる存在でいることがリーダーの責任だと考えています。
- 私は、リーダーの第一の仕事は、チームを成長させることだと考えています。

このテストは、あなたのリーダーシップの原則を紙に書き出すことから始まります。あなただけのためです。30分、時間をとってください。大切なことです。お待ちしています。

できましたか？　それでは、原則の草稿をきれいに折りたたんで、手の届く安全なところに置いておきましょう。1週間の間、1日1〜2回見てください。新しい原則が見えてくることもあるでしょう。また、一晩寝れば、重要ではないと思うようになるものもあるでしょう。1週間後に、リストがどうなっているか見てみましょう。

テストの第二段階ではVST+Jを使用します。VST+Jが私がリーダーを理解するための基準です。VST+Jとは、ビジョン（Vision）、戦略（Strategy）、戦術（Tactics）+判断（Judgement）を意味します。ホワイトボード（または、何らかの白紙）のところに行って、次に挙げるものを描いてください。

	現状	理想
ビジョン		
戦略		
戦術		

それぞれの列を合計100点として点を配分してください。現在「ビジョン」「戦略」「戦術」のどこを重視しているでしょう？　理想的を言えば、どのようになっていたいですか？　正しいとか間違っているとかいうものではありません。山登りをするうえで定義された幅広いリーダーの性質の中で、自分がどれほどの強みを持っているかを測る手段です。覚えておいてください。

ビジョン
　　困難な目標を見据え、それを達成するための概略を定義し、そのアイデアを私たちに売り込むこと。

戦略
　　ビジョンをわかりやすいチャンクに分解し、分解された個々の目標を達成するために必要な具体的なステップを定義すること。

戦術
　　一つ一つのステップを確実にこなしていくこと。

それでは配分してください。（特別演習：信頼できる人にあなたのランクをつけて

もらい、結果を比較してください。色々なことがわかります。）

　ここまでで、重要な情報が3つ手に入ったことになります。

1.　あなたのリーダーとしての原則の草稿、あるいは、リーダーとして大事にすべき事柄のリスト。
2.　私がリーダーをどのように理解しているかを示す基準と、あなたの強みや強化したい点を評価したもの。
3.　考慮すべき30のエッセンスのリスト。
　　この本の初期の草稿では、それぞれのエッセンスをビジョン、戦略、戦術にマッピングしようとしましたが、何章かを書いた後で、あるリーダーにとっては戦略的なものが、別のリーダーにとっては戦術的なものになるかもしれないことに気づきました。例えば、1on1は、私にとっては戦略的なものです。私が1on1を採用するのは、戦略を組み立てる助けが必要だからです。しかし、あなたにとっての1on1は、戦術的なものかもしれません。それは、自分が頼れるリーダーだとチームに伝えるための戦術的な行動かもしれないのです。

　ここからが最後の作業です。**判断力を使ってください。**あなたの原則と、VSTのどこに投資したいかを踏まえて、あなたが学び、実践したいと思うエッセンスは何ですか？　そしてそれはなぜですか？　今はその正当性が薄いと感じるかもしれません。感覚的なものかもしれません。したがって、冒頭に書いたように、自分に最も関係の深いエッセンスを決めて、それを3ヶ月間、毎日実行し、経験と学びを得てください。

小さな一歩

　山を登ります。一歩ずつ。

　最初に災害が起きるのは、はるかに先です。その次の災害はさらに後です。辞めていくメンバーもいますが、加わるメンバーもいます。私たちの野心に触発された人もいれば、私たちがまだ登っていることが有名になったことで加わった人もいます。

　災害はあと2つ待ち受けていますが、あと6週間で山頂に到着します。不可能が可能になるのです。今は誰も信じていません。私たちは目の前の仕事に集中しています。一歩ずつ歩みを進めることです。最も重要なことは、もう一歩を踏み出すことです。

　近道はありません。銀の弾丸もありません。この困難なミッションを達成するためには、登り続けるしかないのです。

訳者あとがき

　この本をお手にとっていただきまして、ありがとうございます。本書は、Rands こと Michael Lopp 氏の著作『The Art of Leadership: Small Things, Done Well』（O'Reilly Media, Inc. 2020）の全訳です。

　本書に書かれているのは、優れたリーダーになるために実践すべき事柄です。リーダーとして優れた結果を残すために何をすればいいかは、実際にリーダーになることを通じてしか学べません。だからこそ、初めてリーダーになったときには導いてくれる師が必要です。この本は、そういうリーダーになりたての方にとって最適な一冊になるでしょう。しかも、リーダーとしての階段は、一段登って終わりではありません。管理職になり、管理職を管理する役職になり、そして経営者になる。そのたびに現場から離れ、責任範囲は広がることになります。そういう一歩一歩に、この本は寄り添ってくれます。

　ここでは、原題のサブタイトルである「ささいなことをうまくやる」について、少し解説したいと思います。本文では「エッセンス」と訳している、この「ささいなこと（Small Things）」は、文字通りのちょっとしたことです。「はじめに」の後に記載された「エッセンス」を見れば、一つ一つはそれほど特別なことが書かれているわけではないことがわかると思います。大切なのはそれを「うまくやる（Done Well）」ことです。うまくやるための導きとして本書の中で語られているのは、形骸的なノウハウなどでは決してありません。一つ一つのプラクティスを実践するのは何のためで、どういった点を意識しなければならないのかといった、実体験に基づく考え方が、ユーモアたっぷりの軽い口調で生き生きと語られます。

　Lopp 氏が「はじめに」で書いている通り、本書の一章一章は独立しており、どこかを取り出して読んでも話のつながりがわからなくなることはありません。しかし、多くの章を読むほど、それぞれのストーリーに通底する考え方が少しずつ頭に入ってく

るでしょう。それは「人を大切にすること」です。自分を大切にすること、仲間を大切にすること、それを取り巻く人間関係を大切にすること。読み進めるほどに、「ささいなこと」を実践することが決して簡単なことではなく、「人間としてのあり方」に関わるといっても過言ではない深みを持っていることがわかってくるのではないかと思います。

だからと言って本書が高尚な哲学書だというようなことは決してありません。ストーリーを楽しんでください。共感できる場所から少しずつで良いでしょう。本書が、読者の方々にとって、ずっと枕元に置いておきたい一冊（**8章**）になれば、訳者としてこの上ない幸せです。

謝辞

著者のMichael Lopp氏に感謝します。本文の解釈に関する私の質問に素早く丁寧に答えてくださいました。また、本書を翻訳することは、書かれている英文を日本語にするという単なる作業に留まることはなく、一章一章について深く考えることにつながりました。そして、そのことを通じて私自身、リーダーシップに関して多くを学ぶことができました。株式会社オライリー・ジャパンの高 恵子さんに感謝します。この素晴らしい本を翻訳する機会を与えていただきました。

オープンソースのコンピューター翻訳支援ツールのOmegaTと翻訳ツールのDeepLに関わるすべての方々に感謝します。このツールのおかげで、今回の翻訳作業は驚くほどスムーズに進みました。Lopp氏の主催する「Rands Leadership Slack」に参加されている方々に感謝します。本文の解釈に関する私の質問に、多くの方々が親切に答えてくださいました。

レビューアの皆様に感謝します。岩村 琢さん、大城 雄太さん、笹 健太さん、高原 芳隆さん、福井 啓志さん（五十音順）。短い時間にもかかわらず、丁寧に原稿を読み、鋭い指摘を数多くくださいました。この方々に磨かれて、訳文の品質は大きく向上しました。もちろん、誤訳や読みにくい場所があれば、それはすべて訳者である私の責任です。

最後に、私の日々の仕事と生活において、私を支えてくださっているすべての方々に、深くお礼申し上げます。

和智 右桂

索　引

● 著者について

Michael Lopp（マイケル・ロップ）

シリコンバレーを拠点とするベテランのエンジニアリングリーダーで、Slack、Borland、Netscape、Palantir、Pinterest、Apple などの歴史に名が残る企業で人材を育てつつ、製品開発を行う。深く悩んでいないときは、人気ブログ「Rands in Repose」（https://randsinrepose.com）で、バックパック、橋、人、リーダーシップについて書いている。現在は Apple に勤務している。

これまで本を 2 冊書いており、最初の著書『Managing Humans, 3rd Edition』（Apress, 2016）は、エンジニアリングリーダーの技術を紹介する人気のガイドで、報酬を得るためには製品を作らなければならない一方で、人材がいてこそ成功するということをわかりやすく説明している。2 冊目の著書『Being Geek』（O'Reilly, 2010、邦訳『Being Geek』オライリージャパン、2011 年）は、ギークや技術オタクのためのキャリアハンドブックである。

グラベルロードバイクに乗り、セミコロンについて考え、赤ワインを飲み、北カリフォルニアのレッドウッドの中で森の仕組みを理解しようとしている。好奇心は人を成長させるからだ。

● 訳者について

和智 右桂（わち ゆうけい）

株式会社フルストリームソリューションズ代表取締役社長。これまで、SIer およびエンタテインメント系総合商社で開発プロセスの標準化やアーキテクチャ設計、大規模システム開発のマネジメントなどに従事。現在は、事業会社のデジタルを活用した業務改革をサポートするサービスを展開している。

主な訳書に『エリック・エヴァンスのドメイン駆動設計』（翔泳社、2011 年）、『継続的デリバリー』（アスキー・ドワンゴ、2017 年）、『組織パターン』（翔泳社、2013 年）がある。また、著作に『スモール・リーダーシップ』（翔泳社、2017 年）がある。

リーダーの作法
── ささいなことをていねいに

2022 年 6 月 17 日　初版第 1 刷発行
2022 年 11 月 11 日　初版第 3 刷発行

著　　　　者	Michael Lopp（マイケル・ロップ）
訳　　　　者	和智 右桂（わち ゆうけい）
発　行　人	ティム・オライリー
制　　　作	株式会社トップスタジオ
印　刷・製　本	株式会社平河工業社
発　行　所	株式会社オライリー・ジャパン

〒 160-0002　東京都新宿区四谷坂町 12 番 22 号
Tel　（03）3356-5227
Fax　（03）3356-5263
電子メール　japan@oreilly.co.jp

発　売　元　　株式会社オーム社
〒 101-8460　東京都千代田区神田錦町 3-1
Tel　（03）3233-0641（代表）
Fax　（03）3233-3440

Printed in Japan（ISBN978-4-87311-989-2）
乱丁、落丁の際はお取り替えいたします。